Physiologische Chemie. Das Leben Felix
Hoppe-Seylers

Georg Hoppe-Seyler

Physiologische Chemie. Das Leben Felix Hoppe-Seylers

Springer Spektrum

Georg Hoppe-Seyler
Seevetal, Niedersachsen, Deutschland

ISBN 978-3-662-62001-4   ISBN 978-3-662-62002-1   (eBook)
https://doi.org/10.1007/978-3-662-62002-1

Die Deutsche Nationalbibliothek verzeichnet diese Publikation in der Deutschen Nationalbibliografie;
detaillierte bibliografische Daten sind im Internet über http://dnb.d-nb.de abrufbar.

Planung/Lektorat: Sarah Koch
Springer Spektrum ist ein Imprint der eingetragenen Gesellschaft Springer-Verlag GmbH, DE und ist ein Teil
von Springer Nature.
Die Anschrift der Gesellschaft ist: Heidelberger Platz 3, 14197 Berlin, Germany

Dr. Charlotte Elisabeth

Hoppe-Seyler in Dankbarkeit

Vorbemerkung

Hinweis: Mit Ausnahme der Abbildung1 des zweiten Kapitels sind zitierte Briefe, Dokumente und Bücher aus dem Nachlass Felix Hoppe-Seylers und alle weiteren Unterlagen befinden sich im persönlichen Besitz des Autors und befinden sich z. T. bereits als Ausleihe im Bestand des Universitätsarchivs Tübingen. Auf diese Dokumente weisen Vermerke in den Literaturzusammenstellungen am Schluss der einzelnen Kapitel der einzelnen Kapitel hin mit den Namen des Dokumentes und das Entstehungsdatum enthalten

Als wir 1945 aus Greifswald an den Bodensee kamen, war das alte Haus von mehreren Familien Geflüchteter besetzt. Die vierundachtzigjährige Tochter meines Urgroßvaters bewohnte einige Zimmer und verbrachte gewöhnlich den Tag auf einer Bank am Seeufer. Für den Nachlass Hoppe-Seylers interessierte sich niemand. Mit seinem seit langer Zeit nicht benutzten Segelboot machten wir Kinder Ausflüge auf dem See (Abb. 2d und 13). Ein Teil der umfangreichen wissenschaftlichen Bibliothek musste verkauft werden und hinterlassene wissenschaftliche Geräte wurden an die Asservatenkammer der Oberrealschule in Lindau übergeben. Die Paradestücke der Mineraliensammlung verschwanden. Auf nur geringes Interesse stießen zahlreiche Briefe an Felix Hoppe (-Seyler)

Nach einem vorklinischen Studium in Tübingen, dem Examen bei Professor Günther Weitzel und den beiden physiologisch-chemischen Kursen, die in dem 1885 von Gustav Hüfner errichteten Physiologisch-Chemischen Institut stattfanden wäre es wohl möglich gewesen am Physiologisch-Chemischen Institut in Tübingen zu hospitieren. Als es mir aber gelang, mit der Hilfe von Freunden meines 1945 verstorbenen Vaters eine Beschäftigung als „Wissenschaftliche Hilfskraft" am Physiologisch-Chemischen Institut der Universität Würzburg zu bekommen begann ich bei Professor Dankwart Ackermann (Abb. 2), zu arbeiten.

Während der täglich von 9 bis etwa 19 Uhr von Ackermann durchgeführten „präparativen" physiologisch-chemischen Untersuchungen des Gewebes „niederer Tiere" machten zahlreiche Wissenschaftler aus dem Bereich der Biochemie ihren Besuch bei dem Forscher, der vor G. Barger und H. Dale das Histamin in der belebten Natur nachgewiesen hatte. (Ackermann und Mitarbeiter in Berichte der Physikalisch-Medizinischen Gesellschaft Würzburg, Biogene Amine Band 70,1 1962. S. 1818).

Professor Dankwart Ackermann hatte 1942 gemeinsam mit Professor Franz Knoop die Deutsche Gesellschaft für Physiologische Chemie (heute Gesellschaft für Biochemie und Molekularbiologie) ins Leben gerufen. Ich lernte bei diesen kurzen Besuchen in den Jahren 1961–1965 einen großen Teil der in diesen Jahren tätigen Biochemiker kennen und wurde regelmäßig und eingehend von Ackermann über ihr Forschungsgebiet und ihren wissenschaftlichen „Stammbaum" unterrichtet. Seine regelmäßig stattfindenden Vorträge über die Entwicklung der Physiologischen Chemie im Programm der Physikalisch-Medizinischen Gesellschaft der Universität Würzburg durfte ich am Diaprojektor begleiten.

Bis 1982 transportierte ich neben den gesamten Auflagen der von Felix Hoppe-Seyler verfassten Bücher eine ungeöffnete große Kiste, deren Inhalt ich auch 2002 noch kaum kannte, von Wohnort zu Wohnort. Mir war bekannt, dass sie weitgehend ungeordnet, durch Briefmarkensammler ihres Umschlags beraubte, zerstörte Briefe und einige Urkunden, Zeugnisse und unveröffentlichte Biografien der Schwestern meines Urgroßvaters enthielt. Immer wiederkehrende Anfragen von Doktoranden nach Unterlagen und vor allem das Interesse des für die Bibliothek der Universitätsklinik Kansas City (Kansas) Zuständigen während meiner Tätigkeit in den USA konnten nicht oder nur sehr unvollkommen befriedigt werden.

Erst 2002 gelang es, die überraschend zahlreichen Briefe zu ordnen. Es stellte sich heraus, dass Felix Hoppe-Seyler seit 1844 nahezu jedes an ihn gerichtete Schreiben aufgehoben hatte. Als Herausgeber der *Zeitschrift für Physiologische Chemie* erhielt er zahlreiche Anfragen, Diskussionsbemerkungen und nicht selten auch Post mit kritischem Inhalt. Es fanden sich Zeugnisse, Urkunden und zahlreiche Notizbücher, die er häufig auch zur Dokumentation seiner Experimente benützte, sowie „durchschossene" (s. Kapitel 12: Der Autor) Exemplare der von ihm verfassten Bücher. Da er bis zu seinem Tode sämtliche der *Zeitschrift für Physiologische Chemie* zugesandten Arbeiten selbst beurteilte und über ihre Annahme entschied, hinterließ Felix Hoppe-Seyler Briefe mit wissenschaftlichem und persönlichem Inhalt fast aller Autoren der Zeitschrift bis 1895.

Informationen über Ernst Felix Immanuel Hoppe-Seyler, seine Herkunft und seine Bedeutung für die Entwicklung der Biochemie zu finden, ist bei der unglaublich großen Zahl von Biografien und durch die Möglichkeit, viele sehr alte wie auch aktuell verfasste Publikationen über das Internet zu erreichen, einfach geworden. Informationen aus seinen hinterlassenen Dokumenten ergänzen das Bild eines vielseitig forschenden Wissenschaftlers, sehr erfolgreichen Universitätslehrers, Autors und durchsetzungsfähigen Begründers eines entstehenden Wissenschaftsgebietes.

Hoppe-Seyler war von Jugend an Botaniker, Geo- und Mineraloge, Chemiker, und Physiker. Er konstruierte und baute Forschungsgeräte, und nahm an Meeresexpeditionen teil. Das Riesengebirge, die Dolomiten, Vesuv. Ätna und Stromboli wurden später häufig besucht.

Drei Darstellungen des Lebens Felix Hoppe-Seylers sind besonders lesenswert:

1. Der ganz offensichtlich mit großer Zuneigung verfasste Nachruf seiner Mitarbeiter und Freunde Albrecht Kossel und Eugen Baumann aus dem Jahre 1895 enthält, abgesehen von der fast vollständigen Aufzählung seiner Leistungen als Forscher und der Beschreibung seiner Bedeutung als einer der Begründer des selbstständigen, von der Physiologie unabhängigen Faches, auch zahlreiche Hinweise auf Hoppe-Seylers Lehrer, Vorbilder und Förderer. Eine sehr kritische Darstellung durfte man natürlich nicht erwarten.: https://vlp.mpiwg-berlin.mpg.de › library › journals (13.01.2020)

2. Hoppe-Seylers Forschungsgruppe wird von Joseph Fruton (Fruton J. S. 1990 Contrasts in Scientific Stile, „Felix Hoppe-Seyler and Willy Kühne." Am. Philos. Soc. Philadelphia S. Contrasts in scientific style: research groups in the chemical and biochemical sciences (11.1. 17.01) in ihrer Beziehung zu den bedeutenden, im 19. Jahrhundert in Deutschland entstandenen biochemischen Arbeitsgruppen geschildert. Ihm verdanken wir eine erste Zusammenstellung der Schüler, Assistenten und Mitarbeiter Hoppe-Seylers. Zahlreiche in seinen Laboratorien ausgebildete Mediziner und Naturwissenschaftler gründeten in ihren Heimatländern Forschungseinrichtungen, die physiologisch-chemische Fragestellungen mit in Greifswald, Berlin, Tübingen oder Straßburg erworbenen experimentellen Methoden bearbeiteten.

3. Die umfangreichste Biografie Felix Hoppe-Seylers hat Anja Vöckel in Form einer Dissertation abgefasst. Ihr liegt ein bewunderungswürdiges Quellenstudium zugrunde. Sie ergänzt Joseph Frutons Darstellung durch die

Behandlung der verschiedenen Lebensstationen Felix Hoppe-Seylers, und es gelingt ihr, die im 19. Jahrhundert neu entstehenden kulturellen und politischen Hintergründe darzustellen, auf deren Boden sich die Physiologische Chemie, als ein neues Gebiet der Naturwissenschaften entwickeln konnte. d-nb.info ›.Ernst Felix Immanuel Hoppe-Seyler   (17.9.2020)

Weitere, speziellere Darstellungen sollen kurz erwähnt werden: Peter Karlson 100 Jahre Biochemie im Spiegel von Hoppe-Seylers Zeitschrift für Physiologische Chemie. Z. Physiol. Chem. 358, 717–752 (s. Karlson Peter 1977 Kapitel 13: Hoppe-Seylers Forschungsschwerpunkte): verfasste zum hundertsten Jubiläum der Hoppe-Seyler'schen Zeitschrift eine Darstellung der Entwicklung der Physiologischen Chemie. Die Zusammenfassung der Forschungsbeiträge Felix Hoppe-Seylers leitet diesen Artikel ein.

Karlson P (1977) 100 Jahre Biochemie im Spiegel von Hoppe-Seylers Zeitschrift für Physiologische Chemie. Z Physiol Chem 358, 717–752. www.degruyter.com › downloadpdf › bchm2.1977.358.2.717.xml Jahre Biochemie im Spiegel von Hoppe-Seylers Zeitschrift für Physiologische Chemie. Z Physiol Chem 358, 717–752. www.degruyter.com › downloadpdf › bchm2.1977.358.2.717.

Zeitzeuge Hoppe-Seylers war Olof Hammarsten, (Hammarsten Olof 1910): Lehrbuch der Physiologischen Chemie. 7te Auflage Bergmann Wiesbaden, (1910) der für die ersten Auflagen seines Lehrbuchs der Physiologischen Chemie den Rat Hoppe-Seyler in Anspruch nahm. Hammarsten gelang es in der Auflage von 1903, die Ergebnisse physiologisch-chemischer Forschungen des 19. Jahrhunderts zusammenzufassen und sie in einem Anhang den einzelnen Forschern zuzuordnen.

Die wichtigsten Publikationen Felix Hoppe-Seylers und seine sämtlichen Veröffentlichungen in der *Zeitschrift für Physiologische Chemie* sind im Virtual Laboratory for Physiology. zugänglich: https://vlp.mpiwg-berlin.mpg.de › library › journals (13.1.2020)

2014 ist in BIOspektrum 7.14, S. 823 Magazin für Biowissenschaften, unter „Geschichte der Biochemie" ein Vortrag erschienen unter dem Titel „Felix Hoppe-Seyler, Arzt und Naturforscher" wesentliche Punkte aus dem Leben Felix Hoppe-Seylers in kurzer Form zusammenfast. Sie sind die Grundlage für die vorliegende Publikation.

Einleitung

Das Forschungsgebiet Physiologische Chemie oder Biochemie (Hoppe-Seyler gebrauchte beide Bezeichnungen) gab es als „zusätzlichen Anhang" der Physiologie, Zoologie, Botanik, Pharmazie, Medizin, Chemie, Pharmakologie und Pathologie bereits vor Felix Hoppe(-Seylers) Geburt. Dass Bemühungen um seine Anerkennung als selbstständiges Fach der Naturwissenschaften (oder Medizin) auf Ablehnung stoßen würde, war zu erwarten. Auch die Physiologie oder die Pathologie trennten sich nur unter Schwierigkeiten von der Anatomie, die Pharmakologie wurde ein selbstständiges Fach und nicht mehr sozusagen nebenbei von Ärzten oder Pharmazeuten betrieben. Physik und Chemie umfassen zahlreiche bis heute neu entstehende, selbstständige Spezialgebiete. Die Probleme, auf die Felix Hoppe-Seyler stieß, beschränkten sich nicht allein auf die Physiologische Chemie. Sie waren Folge einer raschen Entwicklung der Naturwissenschaften im 19. Jahrhundert und der Tatsache, dass vitalistische Auffassungen zunehmend durch experimentell beweisbare Ergebnisse ersetzt werden konnten.

Der Physiologischen Chemie als Wissenschaft von den Grundlagen der Biologie konnte schon vor Felix Hoppe-Seyler nicht nur die Rolle einer Hilfswissenschaft der klassischen naturwissenschaftlichen Fächer oder der Medizin zugeschrieben werden. Zahlreiche bereits mit biochemischen Methoden arbeitende Forscher vertraten diese Auffassung, Karl Gotthelf Lehmann in Leipzig (Kapitel 3: Die Adoptiveltern und die Francke' schen Stiftungen), der Autor eines sehr umfangreichen dreibändigen Lehrbuchs der Physiologischen Chemie, das vor der Geburt Felix Hoppe-Seylers entstand, kann als Beispiel dienen. Sie konnten ihre Überzeugung nicht durchsetzen und stießen auf unüberwindbare Hindernisse. Felix

Hoppe-Seyler musste besonders mit dem Widerstand vieler Vertreter der noch jungen Physiologie rechnen. Dass Felix Hoppe-Seyler mit Recht „Begründer der Physiologischen Chemie" genannt werden kann, hat seine Berechtigung nicht nur darin, dass er wie zahlreiche andere biochemisch arbeitende Wissenschaftler eine Meinung kundtat, sondern dass er seine Überzeugungen gegen alle Widerstände vertrat und sehr erfolgreich junge Wissenschaftler in „seine" Wissenschaft einführte. Großer Ehrgeiz und Unabhängigkeit, Geschicklichkeit in der Menschenführung und eine besondere schriftstellerische Begabung trafen in seiner Person zusammen. Wahrscheinlich sind aber auch Felix Hoppe-Seylers Neigung genau zu prüfen und zu kontrollieren und seine Selbsteinschätzung als Autorität sowohl die Voraussetzung für die wissenschaftliche Leistung als auch dafür gewesen, dass er erlebte wie in Deutschland wenigstens an den Universitäten Tübingen und Straßburg ein neues selbstständiges Fach entstand, das er Physiologische Chemie oder Biochemie nannte.

Das Ziel der kurzen Darstellung ist der Versuch aus Dokumenten seines Nachlasses, den Lebensbeschreibungen einiger seiner Geschwister und Schilderungen von Freunden und Mitarbeitern, die Persönlichkeit Felix Hoppe-Seylers zu charakterisieren. Um möglichst nicht durch eigene, subjektive, tradierte Meinungen beeinflusst zu werden wird versucht sich auf kurze Auszüge aus Briefen und auf Zitate aus (publizierten) Berichten über Felix Hoppe-Seyler zu beschränken. Es wird nicht versucht die Vorstellung von einem unter widrigen Umständen („armer Waise") aufgewachsenen, später allseits verehrten Naturwissenschaftlers, wie sie sich aus vielen seiner Biografien gewinnen lässt, erneut in den Mittelpunkt zu stellen.Felix Hoppe-Seyler der Forschungen über viele Themen der Biochemie begann hinterließ aber nach seinem Tode zahlreiche wissenschaftliche Befunde die Ausgangspunkt für weitere Entdeckungen wurden.

Es ist ihm schließlich durch die Gründung der Zeitschrift für Physio-logische Chemie gelungen die wichtigsten Ergebnisse aus dem Bereich der Biochemie in einem Organ zusammenzufassen. Das Beste aus einem zunehmend wichtiger werdenden neuen Gebiet zu dessen Gründern er gehörte, erschien in Deutschland. Die Wissenschaftssprache soweit es die Biochemie betraf war Deutsch. Das Ansehen der Zeitschrift und die Bedeutung des Handbuchs für Physiologisch- und Pathologisch-Chemischen Analyse, dessen spätere Auflagen er später mit seinem Mitarbeiter Thierfelder herausgab, sind ganz wesentliche Ursachen zur Ent-stehung des selbstständigen Fachs Physiologische Chemie oder Biochemie geworden.

Bei der sehr großen Zahl von Wissenschaftlern, die im Leben Hoppe-Seylers eine Rolle spielten wurde weitgehend auf die Schilderung von Einzelheiten (Karriere und wissenschaftliche Leistungen) verzichtet. Es handelt sich durchweg um Forscher deren Name durch ihre Entdeckungen berühmt wurden. Ihre Biografie und ihre Entdeckungen sind daher bereits in zahlreichen Veröffentlichungen beschrieben worden.

Biografie

Ernst Felix Immanuel Hoppe(-Seyler) (Abb. 1) wurde am 26.12.1825 in Freyburg an der Unstrut als eines von Kindern des Superintendenten und Dompredigers Ernst August Dankegott Hoppe (Wiesenburg, Naumburg, Freyburg, Eisleben) geboren. Er verlor mit sieben Jahren seine Mutter Friederike Wilhelmine, Tochter des Generalsuperintendenten und Leiter des evangelischen Predigerseminars in Wittenberg Professor D. Karl Ludwig Nitzsch. Drei Jahre danach starb auch sein Vater. Felix wuchs in Annaburg bei seiner ältesten Schwester Clara Seyler und dem Pastor und Wittenberger Garnisonsprediger Dr. Georg Seyler auf. 1846 schloss er den Besuch der Lateinschule der Francke'schen Stiftungen mit dem Abitur ab und studierte in Halle, Leipzig, Berlin, Prag und Wien Medizin. Bereits als Student arbeitete er in den Instituten verschiedener Chemiker und Pharmazeuten. Felix promovierte 1850 und war nach seiner Approbation 1851 als praktischer Arzt, 1852 in der Cholerabaracke Weidendammbrücke und 1853 am sogenannten Arbeitshaus in Berlin tätig.

1854 nahm Hoppe, wohl weil er keine Anstellung an der Berliner Universität fand, die Prosektorenstelle an der Universität Greifswald an und habilitierte sich im gleichen Jahr. 1856 wurde er Assistent des Prosektors der Charité Rudolf Virchow. 1858 heiratete Felix seine Jugendfreundin, die Stieftochter seines Bruders Carl, Agnes Franziska Marie Borstein. Es folgte 1860 die Berufung auf den Lehrstuhl für Angewandte Chemie in Tübingen. 1872 berief ihn die Kaiser-Wilhelms-Universität in Straßburg als Ordinarius für Physiologische Chemie. (Hygiene, Toxikologie und Gerichtsmedizin wurden ebenfalls am Institut für Physiologische Chemie unterrichtet)

1864 adoptierte sein Schwager Dr. Georg Seyler ihn und seine Schwester Amanda. Die Geschwister trugen seitdem den Doppelnamen Hoppe-Seyler.

Kinder: Professor Georg Karl Felix Hoppe-Seyler, Städtisches Krankenhaus Kiel, und Clara Marie Dorothea Hoppe-Seyler. Felix Hoppe-Seyler starb 1895 in Wasserburg am Bodensee.

Abb. 1 Ernst Felix Immanuel Hoppe-Seyler, Gipsabdruck (um 1890)

Danksagung

Die große Geduld und Hilfe meiner Frau hat die Arbeit an diesem Buch erst möglich gemacht. Bei meinem lieben Lehrer und Freund Professor

Dankwart Ackermann der täglich auf der Jagd nach unbekannten „biogenen Aminen" war, kann ich mich nicht mehr bedanken. Er hat mich in die Geschichte der Physiologischen Chemie eingeführt. Professor Gerd Gundlach verdanke ich eine Ausbildung in der Klinischen Chemie. Professor Wolfgang Gerok und Professor Peter Schollmeyer gaben mir die Möglichkeit, wissenschaftlich zu arbeiten.

Professor Peter Bohley bemühte sich, den Nachlass meines Urgroßvaters im Archiv der Universität Tübingen unterzubringen. Sein Rat war sehr wertvoll. Dr. Wischnath, Frau Irmela Bauer-Klöden und Frau Dr. Anastasia Antipova stellten das veröffentlichte Repertorium zusammen. Frau Ulrike Kuhne sandte mir einen Auszug („wie Felix lesen lernte") aus der Autobiografie der Schwester Felix Hoppe-Seylers, Rosa Angelika Erdmann. Frau Dr. Sarah Koch, Frau Anja Dochnal, Frau Janina Krieger vom Springer Nature Verlag Heidelberg unterstützten die Abfassung des Manuskriptes. Oberstudiendirektor Eugen Hümmer (Lindau Bodensee) und seiner Frau Julia, geb. Seyler verdanke ich zahlreiche Informationen über Dr. Georg Seyler. Katja Hoppe-Seyler, Frau Gesine Kafitz, Bamberg, Katja Hoppe-Seyler, Norbert Seng Marbach überließen mir Fotografien. Frau Karin Preim, (Achim) bin ich dankbar für   Aufzeichnungen zur Familie Hoppe-Seyler Dr. Edith und Dr. Joachim Framm, Wismar, Autoren der Romanbiografie *„Albrecht Kossel und die DNA"* bin ich für ihre Ratschläge und Ermutigung besonders dankbar.

Inhaltsverzeichnis

Kapitel 1: Die Familie

Ernst August Dankegott Hoppe (Abb. 1) (Anhang 1.1) wuchs in „bitterer Armut" auf. Nach dem Tode seines Vaters Johann Ernst, des Pastors in Leetza, „durch die Ungunst der Zeiten verarmt und früh verstorben", war seine Mutter, die Witwe Johanna Erdmuthe Hillinger, mittellos. „Hochherzige Stifter" halfen ihm. Ernst August besuchte die Fürstenschule in Meißen, die mit anderen sächsische Fürstenschulen zu den besten protestantischen Schulen zählte. Nach dem Abitur studierte er mit Unterstützung durch das Fluth'sche Familien-stipendium (Anhang 1.2) in Wittenberg Theologie. Hoppe wurde 1802 Pastor in Wiesenburg (Stier A. 1833, 1867; Beseler A. 1900 Sander R. unveröffent-licht). 1803 heiratete er Friederike Nitzsch (Abb. 2), genannt „Riekchen". 1810 war Ernst August Domprediger in Naumburg und leitete als Superintendent die große Diözese Freyburg an der Unstrut. Als höherer Kirchenbeamter und durch Heirat Mitglied einer angesehenen Theologenfamilie (Anhang 1.3) der damaligen Zeit, war er in der Lage seinen zahlreichen Kindern eine sehr gute Ausbildung zu ermöglichen. Ernst August Hoppe starb 1835 als Super-intendent in Eisleben. Seine Tochter Amanda Hoppe(-Seyler), die mit Felix gemeinsam erzogen wurde (Kapitel 3: Die Adoptiveltern und die Francke' schen Stiftungen), gibt die Familiengeschichte so wieder, wie sie ihre Mutter schilderte (Beseler A 1900) (Abb. 3). So wie Felix durch Unterstützung seiner naturwissen-schaftlichen Interessen, insbesondere durch botanische und geologische Bücher, Zeichenmaterial und sogar durch das Geschenk eines Theodoliten und eines Kompass gefördert wurde, bestimmten die Neigungen und Begabungen der vier Brüder Hoppe ihre Erziehung.

Nur einer der Söhne Ernst August Hoppes wählte eine Berufsausbildung, mit der sein Vater nicht einverstanden war. Seine Schwester Alvine schreibt:

© Springer-Verlag GmbH Deutschland, ein Teil von Springer Nature 2022
G. Hoppe-Seyler, *Physiologische Chemie. Das Leben Felix Hoppe-Seylers*,
https://doi.org/10.1007/978-3-662-62002-1_1

Abb. 1   Der Vater: Ernst August Hoppe. (Beseler 1900, S. 7)

Bruder Carl, *welcher bei dem Hauslehrer sehr gut lernte hatte daneben ein so auffallendes Interesse für viele Handwerke und ein so eingehendes Verständnis dafür, dass wir oft sagten, was wird nur einmal aus dem Jungen werden? Auch lernte er sehr leicht Mathematik. Die Mutter schenkte ihm eine Hobelbank und eine Drechselbank und die nötigen Werkzeuge dazu … wurde ihm eine Werkstatt gegeben. Da arbeitete er mit großem Eifer und viel Geschick." (Stier A. 1833, S. 38).*

Im Lebenslauf **Carl** Hoppes wurde unter dem Titel „Zum 100 jährigen Geburtstag von Carl Hoppe", im *Polytechnischen Journal (Anonymus 1912)* an die zahlreichen Ergebnisse seiner Tätigkeit als Konstrukteur und seine Bedeutung als Gründer einer der ersten Maschinenfabriken (Abb. 4) in Berlin erinnert. Heute noch wird die „Himmelskanone" in Treptow bewundert, an deren Konstruktion er mit seinem Sohn Paul Hoppe gearbeitet hatte. Das hydraulisch gehobene und gedrehte Kreuzbergdenkmal erinnert an Carl Hoppes Fähig-keiten als erfindungsreicher Konstrukteur. Er konstruierte die Schleusentore des Nordostseekanals. Aus einer kleinen Werkstatt wurde ein Betrieb der 600 Mitarbeiter beschäftigte. Zeitweise war Otto Lilienthal bei Carl Hoppe als Konstrukteur tätig.

Felix Lieblingsschwester Amanda (Abb. 5a) schildert in einem Schreiben zu ihrem Testament, dass Carl zur Gründung seiner Fabrik Geld benötigte. Er bat seine Geschwister ihm zu helfen, und jeder, der etwas geerbt oder

Abb. 2 Die Mutter: Friederike Hoppe (Riekchen) mit Rosa (Röschen). (Foto des Gemäldes)

gespart hatte half. Zu ihrer Überraschung wurden die Spender ohne ihr Wissen zu Teilhabern. Amanda schreibt an Felix:

Mein väterliches Erbteil von 800 Talern konnte ich zu meiner Freude meinem Bruder Carl geben als dringend wünschenswerte Beisteuerung zur Gründung seiner Maschinenbauanstalt. Als ich nach einer Reihe von Jahren … nach meinem Geld fragte, überraschte er mich durch einen ganz unverhofften Anwachs meines Vermögens: Er hatte 5 % Zins auf Zins gerechnet; so wuchsen die Hunderte zu Tausenden" (Hoppe-Seyler Amanda 1892).

Meiner lieben Eltern Namen sind: Ernst August Dankegott Hoppe und Friederike Wilhelmine geb. Nitzsch. Meiner lieben Mutter Vorfahren waren Geistliche in Wittenberg. Ihr Großvater war Diakonus daselbst, als frommer Mann und treuer Seelsorger von seiner Gemeinde und Allen die ihn kannten, hochgeehrt und herzlich geliebt. Doch noch in der Blüthe der Jahre hat er sein theures Leben in Berufstreue dahingegeben. – Die Wittwe war nun so arm, daß sie nicht einmal genug hatte die Beerdigungskosten zu bezahlen, aber alle Arbeiter weigerten sich etwas zu nehmen von ihrem treuen Seelsorger, den sie alle herzlich liebten. Mein Großvater war noch ein Kind, aber der Herr hat Einigen das Herz geöffnet, die sich seiner annahmen und für ihn sorgten, daß er studiren konnte. – – Darauf bekam er eine Anstellung in Zeitz und später wurde er Generalsuperintendent in Wittenberg; die liebe Großmutter hieß Luise Eleonore Gottliebe geborene Wernsdorf, und des Großvaters Name ist Carl Ludwig Nitzsch. – – Der älteste Sohn, Louis, studirte Medizin und Naturwissenschaft und wurde Professor in Halle. Auf ihn folgte meine liebe selige Mutter. Mein Vater wurde vom Großvater zum Hauslehrer seiner Kinder gewählt, und so lernte er die Mutter kennen, die er mit unterrichtete. – – –

Abb. 3 Amanda (Aus Beseler S.um 1900 S. 1., 12 Schmidt und Klaunig Kiel)

Abb. 4 Maschinenfabrik Carl Hoppe Berlin, Gartenstraße, (Originalfotografie)

Amanda Hoppe wurde Lehrerin und Schriftstellerin. Ihre Werke entsprachen dem Geschmack der Zeit. Sie schrieb sehr beliebte Kinderbücher
und gründete in Greifswald und in Dresden (Beseler 1900) die ersten
„Internate" für Kinder von Wissenschaftlern und Missionaren, die im Ausland arbeiteten. Anna Beseler, eine enge Freundin, schrieb etwa 1994 ein
Gedenkbuch das Leben und die Familie von „Tante Amanda" schilderte. Der
Kieler Kunstmaler Georg Burmester fügte dem Gedenkbuch Zeichnungen
der verschiedenen von der Familie Hoppe bewohnten Pastorenhäuser an.
Fast alle Schwestern Amandas heirateten Theologen. die Brüder wählten
dagegen Berufe ohne Beziehung zur Kirche der ihr Vater und ihre Vorfahren
lebenslang in leitender Position angehört hatten Anhang 1.3). Die Familie
hielt auch in späteren Jahren zusammen. Felix' Schwester Amanda, in deren
Wohnung er anfangs unterkam, machte die Zeit, als er sich in Greifswald
habilitierte, etwas erträglicher. Regelmäßig überwies Felix Geld für die Ausbildung der Kinder seines Bruders Ernst in Schweden und unterstützte die
Söhne seiner Schwester Rosa Erdmann während ihres Studiums (Anhang 1.5).

Ernst Otto Lorenz Hoppe (Abb. 6E) war *„praktisch begabt".* Alvine:
„als Kind viel krank" und er *„lernte langsam."* Er hatte während einer
forstwirtschaftlichen Ausbildung und in Suhl Erfahrungen in der Waffen-
herstellung gewonnen. Als Wanderbursche zog er durch Deutschland
und Schweden und wurde von dem Besitzer einer schwedischen Gewehr-
fabrik (Husqvarna) Raschke (2008) Dissertation, einem Baron Fletwood,
angestellt. Später verwaltete er jahrelang die Forste des Grafen *Güldenstolpe*
[Gyldenstolpe] (Stier A 1833, S. 17).

Abb. 5 Amanda Hoppe-Seyler, Gedenkbuch verfasst von Anna Beseler, Märchen-
buch, verfasst von Tante Amanda

(Clara (Abb. 6A) heiratete den Pastor D. Georg Seyler (Annaburg). Alwine (Abb. 6B) heiratete den Superintendenten und Kirchenliedautor Ewald Stier (Eisleben). Laura (Abb. 6C) heiratete den Professor und Superintendenten D. Karl August Vogt (Greifswald). Carl (Abb. 4D): Konstrukteur, Maschinenfabrikbesitzer (Berlin). Ernst: (Abb. 4E), Gräflicher Oberförster (Ljung, Schweden). Reinhold: (Abb. 6F): Professor für Mathematik und Philosoph (Berlin). Amanda: (Abb. 6G) Greifswald, Dresden) schrieb beliebte Kinderbücher, eine Biografie Friedrichs des Weisen und leitete eine private Internatsschule. Rosa: (Abb. 6H) heiratete den Superintendenten Hermann Erdmann, Pfarrer in Tilsit, Thorn, Altfelde und Preußisch Holland. (Abb. 6I) Anna heiratete Gottlieb Stier, Schulrat (Kolberg und Zerbst). Thekla: (Abb. 6J), Annas Zwillingsschwester, heiratete Friedrich Ludwig Stier (Pastor in Eisleben). (Beseler 1900) (Stier Gottlieb, Stier Luise 1912).

Felix' dritter Bruder **Reinhold** (Reginald) Hoppe (Abb. 6F). (Biermann 1972) rechnete, als er noch klein war, leidenschaftlich gerne, war aber, wie Alwine mitteilt: ein verschlossenes, eigensinniges Kind: Vielleicht hätte man ihn heute als Autisten bezeichnet: …

„sein Eigensinn blieb seine und anderer Not. Doch kann es wohl sein, dass mit mehr Strenge auch da nichts ausgerichtet worden wäre. An Gabe zum Lernen fehlte es nicht, besonders rechnete er so gern, dass ich in den Geschichten mit denen ich ihn unterhielt gern Rechenexempel einflocht" (Stier A. 1833, S. 20).

Er hatte wie seine Brüder nur mäßiges Interesse an religiösen und politischen Fragen. Reinhold wurde in Berlin für Mathematik habilitiert und machte sich auch einen Namen als Philosoph. Er lebte sehr ärmlich und zurückgezogen, hielt Privatvorlesungen an der Universität, wurde aber nie angestellt. Soweit es die Mathematik betraf, war Reinhold Hoppe wissenschaftlich anerkannt, als Lehrer vollständig erfolglos und als Philosoph höchst umstritten.

Die Geschwister schildern **Felix** Hoppe (-Seyler) als besonders liebenswert und sehr unter-nehmungslustig. Wie der kleine Felix lesen lernte, überlieferte seine Schwester Rosa:

„Sie [Friederike] hat uns auch lesen gelehrt und ich besinne mich noch sehr gut darauf wie ich neben ihr saß. Die Mutter das Buch auf dem Schoße, worin sie mir die Buchstaben und Worte zeigte, mein Bruder Felix vor uns auf einer Fußbank ganz still wartend bis ich wieder mit ihm spielen konnte. Dabei hatte er auch mit solcher Aufmerksamkeit auf das Buch und der Mutter zeigenden Finger gesehen, dass er alle Buchstaben und Silben mitgelernt, aber verkehrt [herum]" (Erdmann *unveröffentlicht).*

A. Clara Seyler 1805-1860

B. Alvine Stier 1807-1890

C. Laura Vogt 1809-1878

D. Carl Hoppe 1812--1890

E. Ernst Hoppe 1815-1892

F. Reinhold Hoppe 1816-1900

G. Amanda Hoppe-Seyler 1819-1900

H. Rosa Erdmann 1823-1914

I. Anna Stier 1829-1907

J. Thekla Stier 1829-1896

Abb. 6 Felix hatte 11 Geschwister. Ein Bruder (Anton) starb im Kindesalter, Stier, Gottlieb, Stier Luise (1912).

Die Übersicht über die Nachkommen des Karl Ludwig Nitzsch, weiland Generalsuperintendent zu Wittenberg (1751–1831). Als Handschrift gedruckt bei J.B Obernetter München

Glücklicherweise überlebte Felix einen schweren Unfall, als auf der Fahrt von der Kirche in die Stadt die Pferde durchgingen. Die Kutsche stürzte um, und Felix erlitt eine große Platzwunde am Kopf. Die Verletzung heilte ohne

Folgen zu hinterlassen ab. Seines Vaters „vom Glück begünstigtes Kind" (Stier A.1867) interessierte sich früh für naturwissenschaftliche Fragen. Er botanisierte und war bereits in seiner Jugend ein Kenner der Pflanzensystematik. Er soll noch als Schüler ein bis dahin unbekanntes Farnkraut beschrieben haben, führte Bestimmungen der Höhe von Kirchtürmen, Bergen und Burgen durch und protokollierte (und zeichnete) sie (Anhang 1.4).

Anhang 1

1. Ernst August Hoppe besuchte die Schule in Meißen. Seine Kinder wurden in Schulpforta, Kösen bei Naumburg, für das Abitur vorbereitet. Die Familie Hoppe war durch die Verwandtschaft mit Karl Ludwig Nitzsch unter den Berechtigten des Küchmeister-Lietzo'schen Familienstipendiums (der Familien Küchmeister und Lyczowe, gegr. 1359), das Felix' ältester Bruder Carl Hoppe in Anspruch nahm. Ernst August war ein strenger, sehr ernster und wortkarger Mann. Zu seinem jüngsten Sohn, den er „sein vom Glück begünstigtes Kind" nannte, bestand aber eine besonders enge Beziehung.

2. Conrad Fluth (Fluth C. Stipendium) Apotheker, (1538–1608) Bürgermeister und Senator, stiftete das Stipendium (1608) für Familienangehörige und Söhne Wittenberger Bürger.

3. Karl Ludwig Nitzsch (Abb. 7): Der Professor und Pastor auf der „Lutherkanzel" stammt aus einer böhmischen Familie. Sein Großvater Gregorius und dessen Brüder Moritz und Friedrich waren Hofbeamte und wurden wegen ihrer Verdienste geadelt. Sein Vater Wilhelm Ludwig (von) Nitzsch, dritter Diakonus der Schloßkirche in Wittenberg, legte für sich den Adelstitel „als mit seinem geistlichen Amte unverträglich" ab. Karl Ludwigs ältester Sohn, Professor Dr. med. Christian Ludwig, wurde Zoologe. Die von Ernst August Hoppe gemeinsam mit seiner späteren Frau Friedrike unterrichteten Söhne: Karl Emanuel studierte später Theologie, wurde Universitätslehrer und engagierte sich auch im sogenannten Agenden Streit mit König Friedrich Wilhelm III. Sein Bruder Gregor Wilhelm Nitzsch, (ein Homer-Wissenschaftler) wurde Professor in Kiel und Leipzig (Stier, Gottlieb, Stier Luise 1912).

4. Insgesamt sind mehr als 30 Notizbücher (1844–1893) erhalten, die Privates, Vorlesungsmanuskripte, Hörerlisten, aber vor allem zahlreiche Protokolle (Abb. 6) und Entwürfe für Experimente und Überlegungen zur Interpretation von Ergebnissen enthalten. Hoppe(-Seyler) hatte die

Abb. 7 Silberne Medaille der Stadt Wittenberg zum 50-jährigen Dienstjubiläum des Wittenberger Pastors Professor Carl Ludwig Nitzsch, Porträt des Jubilars: Stier, Gottlieb, Stier Luise (1912)

Angewohnheit, vor dem Beginn einer Untersuchung oder einer Vorlesung einen schriftlichen Plan aufzustellen, aber auch belanglose Dinge zu notieren, sein ganzes Leben beibehalten.

5. Rosa Erdmann: Bei ihren beiden Söhnen Ernst Immanuel Erdmann (Berlin, Halle, Ordentlicher Honorarprofessor für Technische Chemie) und Hugo (Professor in Halle, Angewandte Chemie, Berlin Anorganische Chemie) beteiligte sich Felix an den Studienkosten. Beide studierten in Straßburg. Das Verhältnis zwischen Felix und seinen Neffen verschlechterte sich im Laufe der Zeit (Erdmann) wohl aus Gründen unterschiedlicher Ansichten über Einzelheiten ihrer Berufswünsche.

Literatur

Anonymus (1912) Zum 100 jährigen Geburtstag von Carl Hoppe. Polytechnisches J 327:555–557. https://dingler.culture.hu-berlin.de/article/pj327/ar327172. Zugegriffen: 24. Febr. 2020

Beseler A (o. J. Anfang 1900) Amanda Hoppe-Seyler, Ein Lebensbild nach Aufzeichnungen Briefen und Erinnerungen. Schmidt und Klaunig, Kiel, S 1–118

Biermann K-R (1972) Hoppe Reinhold. In Neue Deutsche Biographie 9, S 614 f. https://www.deutsche-biographie.de/pnd116982039.html#ndbcontent. Zugegriffen: 24. Febr. 2020

Hoppe-Seyler A (1892) (Testament) Kopie für Felix Hoppe-Seyler

Erdmann R Autobiografie (unveröffentlicht) Ulrike Kuhne, Waldböckelheim

Erdmann (1883) Briefe Erdmann H. und Erdmann W. an Felix Hoppe-Seyler

Fluth C. Stipendium A 29b, I Nr. 572 Stiftung eines Stipendiums von Conrad Fluth, Meyner A. M. (1845) Geschichte der Stadt Wittenberg – Wittenberg (Saxony-Anhalt), https://books.google.com › books › about › Geschichte_der_Stadt_Wittenberg

Ratsverwandter und Apotheker in Wittenberg, 1737–1804 (Akte) [Benutzungsort: Wernigerode] recherche.lha.sachsen-anhalt.de›Query›detailA 29b, I Nr. 572. Zugegriffen: 24. Febr. 2020

Sander R (o. J.) Prof. D. theol. Ahnenliste (1245 Hans von Jühnen bis 1864 Heinrich Ernst Ewald Stier). (unveröffentlicht)

Stier, Alvine Erinnerungen aus meinem Leben. Bd. 1, 2–168 (verf. 1833) Bd. 2, 1–61 (verf.1867), (kopiert und kommentiert von Hans Wilhelm Vogt, Rechtsanwalt und Notar Duisburg (unveröffentlicht, o. D.)

Stier G, Luise S (1912) Die Übersicht über die Nachkommen des Karl Ludwig Nitzsch, Weiland Generalsuperintendent zu Wittenberg (1751–1831). Als Handschrift gedruckt bei J.B Obernetter München

Kapitel 2: „Turnvater" Jahn und die Familie Hoppe

Die heimatkundlichen Kenntnisse des „Turnvaters" Friedrich Ludwig Jahn und sein naturkundliches besonders geologisches Wissen zogen Felix an. Er hat die Gellschaft des „Revolutionärs" geschätzt, aber es gibt keinen Hinweis darauf, dass die Überzeugungen Jahns, sein Hass auf Frankreich und die übertriebene Deutschtümelei, der „Völkische Nationalismus" Jahns, von ihm geteilt wurden. Jahn schenkte den Brüdern Hoppe zwar sein Turnbuch, und Felix war in der Lateinschule der Francke'schen Stiftungen Vorturner, aber selbst als er später in Straßburg Mitglied eines Turnvereins wurde, hat Felix vermutlich nicht mehr geturnt. In späteren Jahren segelte er auf dem nicht ungefährlichen Bodensee. Er war ein begeisterter Schlittschuhläufer (Baumann und Kossel 1895). Auch 1945 war die Auswahl an verschiedenen Schlittschuhmodellen, die Felix Hoppe-Seyler benützt und hinterlassen hatte, noch sehr groß. Der 46 Jahre alte Friedrich Ludwig Jahn ist 1825 nach Freyburg gekommen und erregte schon durch sein Aussehen großes Aufsehen: *„indem er sich den Bart lang wachsen ließ. Die Brüder (Carl. Reinhold und Felix Hoppe) wussten sich bald auf dem Hofe. Turnanstalten zu schaffen und Jahn schenkte ihnen sein Turnbuch zur Anleitung". (Vergl. Beseler, Anna o. J. etwa 1904, S. 13).*

Es ist nicht unwahrscheinlich, dass er einer der Paten von Felix war. Ein silberner sogenannter Taufbecher [?] mit Jahns eingraviertem Namen (der 1945 nach dem Tode Felix Adolf Hoppe-Seylers in den Nachkriegswirren verschwand) wurde mir noch kurz bevor wir Greifswald verließen von meinem Vater gezeigt. Im Kirchenregister ist Jahn, im Gegensatz zu Heinrich Eduard Schmieder (Anhang 2.1), als Teilnehmer an der Taufe des

© Springer-Verlag GmbH Deutschland, ein Teil von Springer Nature 2022
G. Hoppe-Seyler, *Physiologische Chemie. Das Leben Felix Hoppe-Seylers*,
https://doi.org/10.1007/978-3-662-62002-1_2

kleinen Felix nicht verzeichnet (Hümmer Eugen 1998). (Wüllenweber Jörg 1998) Felix' Schwester Alwine beschreibt die erste Begegnung ihrer Eltern mit Jahn im Jahre 1825 (Abb. 1):

> *„Jedenfalls war es auch in diesem Sommer, wo Professor Jahn, nachdem er aus seiner Haft in Kolberg entlassen war, mit Frau und Sohn nach Freyburg zog. Er bekam eine Pension von 1000 Talern und hatte die Freiheit sich den Wohnort zu wählen, doch sollte es keine Stadt sein, die eine Universität oder ein Gymnasium habe, auch sollte er unter polizeilicher Aufsicht gestellt sein. [Verboten war der Verkehr mit Schülern oder Studenten bei Verlust seines Ehrensoldes, den er seit 1814 erhielt] (Verf.) Die Eltern sehen ihn zum ersten Mal als sie mit einem auswärtigen Besuche den Schlossberg erstiegen hatten und sich oben das Schloss ansahen. Da gesellte sich Jahn zu ihnen als ob er der Kastellan des Schlosses sei, zeigte er ihnen die Gebäude, die Aussicht, den tiefen Brunnen und hielt ihnen einen Vortrag aus der Geschichte des Schlosses, welches Ludwig der Springer erbaut hatte. Kurz nachdem Jahn mit Familie nach Freyburg gekommen war wurde ihm zum Sohn aus erster Ehe noch ein Töchterchen geboren. Als sie getauft werden sollte lud er die vornehmsten Familien Freyburgs zur Taufe ein, ohne dass er bei Irgendjemand Besuch gemacht hatte. Als die Gäste beisammen waren suchte er aus ihnen die Paten für sein Kind aus. Unter diesen Paten war meine Schwester Clara. [Die die Erziehung ihres Bruders Felix nach dem Tod seiner Eltern übernahm] Später sind wir näher bekannt geworden, besonders haben wir ihn bei Riekchen gesehen, wo er noch öfter hinkam" (Stier A. 1833), S. 36).*

Die liberale Einstellung der Theologenfamilie Hoppe wird durch die Tatsache unterstrichen, dass Jahn regelmäßig Ausflüge mit Felix' Schwestern und ihren Freundinnen, sozusagen als Ersatz für die seit dem 2. Januar 1820

Abb. 1 F. Ludwig Jahn Lithograph: Georg Ludwig Engelbach (um 1852)

verbotenen Turnvereine, organisierte und, noch als Felix in Halle studierte, mit ihm gemeinsam wanderte und an dem Leben der Familie Hoppe teilnahm. Clara Hoppe wurde Patin von Jahns jüngster Tochter.

Jahn war kein frommer Mann. Es ist möglich, dass er sich formlos ohne die Kirche in Anspruch zu nehmen einfach zum Paten des kleinen Felix erklärte. Gelegentlich hat er wohl versucht, die religiöse Haltung der Pastorentochter Alwine zu erschüttern:

Alvine: *„Jahn war innerlich gegen die Gläubigen in Naumburg und Pforta aufgebracht, und da er nun wusste, dass ich so viel bei Schmieders [Anhang 2.1] gewesen war, hätte er an mir so gerne eine Ursache gesucht, mich lächerlich zu machen. Einmal als ich bei Riekchen war, fing er ein Gespräch an, wo er versicherte wie sehr er für ernste Dinge sich interessiere, sprach davon, dass er Predigersohn sei usw. Er legte es so dringend darauf an, dass ich etwas dazu sagen sollte, setzte sich zu mir und fasste meine Hand, sagend: ‚Nicht wahr Alvina, War das nicht abscheulich falsch von ihm? Und wie konnte er mir zutrauen, so dumm zu sein, dass ich seinen Worten glaube, da er nie in die Kirche, noch zum Abendmahl kam? Ich blieb ganz ruhig und antwortete ihm gar nicht. Er hatte alle seine Reden unnütz verschwendet und musste zuletzt gehen. Jahn hat natürlich keinen ähnlichen Versuch wieder gemacht"* (Stier A. 1833, S. 8).

Eine enge Freundin und Vertraute der Alvine Stier, [Tochter des Wittenberger Aktuarius Rühlmann] die wie Alvines Mutter den Namen Friederike (Riekchen) trug, veranstaltete gerne Treffen, wie sie damals sehr beliebt waren. Es wurde vorgelesen und diskutiert. Jahn scheint sich den jungen Damen, da ihm Kontakte mit Schülern und Studenten verboten waren, angeschlossen zu haben. Er lud auch häufig zu Wanderungen, Schlossbesichtigungen oder einer Schiffreise auf der Unstrut ein und trat dabei als Reiseführer auf. Alvine schildert Jahns Teilnahme am sogenannten Rollenlesen: bei ihrer Freundin Friederike):

„Weniger glückte es Friederike mit Jahn, als sie ihn ein zum Rollenlesen lud, was sie sehr liebte und oft arrangierte. Mac Beth [sic] sollte gelesen werden und Jahn hatte den Mac Beth übernommen. Er blieb aber so wenig ernstlich bei dem Stück, dass er dazwischen den Ofen mit Apfelschalen behing. Das ärgerte Friederike sehr, sie hielt auf gutes Vorlesen und ernstlich Versenken in die Rollen und nachher sollte der Vortrag rezensiert werden. Jahn hielt es aber damit immer selbst das Wort zu führen" (Stier A. 1833, S. 43).

Anhang 2

1. Heinrich Eduard Schmieder (Wächtler, A. 1908) war nach einer Zeit als Gesandschaftsprediger in der römischen Diaspora in Schulpforta als geistlicher Inspektor am Predigerseminar in Wittenberg und als Pastor tätig. Er vertrat ein konfessionelles Luthertum (von Alvine als der „Alte Glauben" bezeichnet). Schulpforta ist die berühmte Landesschule in dem alten Zisterzienserkloster Marienpforte in Bad Kösen/Naumburg. Schmieder war eng mit Ernst August Hoppe, seiner Familie und mit Georg Sander befreundet.

Literatur

Baumann F. Kossel (1895–1896) Zur Erinnerung an Felix Hoppe-Seyler. Z.Physiol Chem. 21(108 ff) I–LXI:41–51

Beseler A (o. J. 1904) Amanda Hoppe-Seyler, Ein Lebensbild nach Aufzeichnungen Briefen und Erinnerungen. Schmidt und Klaunig, Kiel, S 13

Hümmer E, Julia H [geb. Seyler] Lindau i. Bodensee, Pers. Mitteilung (1998)

Stier A (1833) Erinnerungen aus meinem Leben, Bd 1, S 1–168

Wüllenweber J (1998) Die Bedeutung von Felix Hoppe-Seyler für die Entwicklung der Physiologischen Chemie und Laboratoriumsmedizin. Med Diss Uni, Düsseldorf

Wächtler, A., „Schmieder, Heinrich" in: Allgemeine Deutsche Biographie 54 (1908), S. 115–124 [Online-Version]; URL: https://www.deutsche-biographie.de/pnd116794992.html#adbcontent

Kapitel 3: Die Adoptiveltern und die Francke' schen Stiftungen

Felix verlor seine Mutter, als er sieben Jahre war, den Vater drei Jahre später. Ganz selbstverständlich übernahmen die älteren Schwestern, Laura Vogt in Greifswald, Alvine Stier in Eisleben und Clara Seyler in Annaburg die Sorge für ihre jüngeren Geschwister. Der Theologe Dr. Georg Seyler (Abb. 1) (Anhang 3.1 und 3.2) Wittenberger Garnisonsprediger und Pastor in Annaburg, und seine Frau Clara (Abb. 4a), die Kenntnisreiche und besonders Sprachbegabte unter Felix' Schwestern, nahmen die Waisen Amanda und Felix Hoppe in ihre Familie auf. Clara unterrichte ihre Geschwister im Französischen, Englischen und Italienischen. Georg Seyler übernahm den Latein- und Griechisch Unterricht. Der kleine Felix sammelte schon damals naturwissenschaftliche Bücher, die z. T. noch erhalten sind.

Dr. Seyler meldete Felix in der wohl besten Schule der damaligen Zeit an: der Lateinschule der Francke'-schen Stiftungen in Halle. (Abb. 2) Die Schule, eine pietistische Gründung, hatte einen ihrer Schwerpunkte in den naturwissenschaftlichen Fächern gefunden. Besonders lebendig und fesselnd hat Anja Vöckel (2003, S. 8) die Entwicklung dieser berühmten Bildungseinrichtung im 19. Jahrhundert beschrieben. Heute noch kann man die beein-druckende damals einzigartige Kunst- und Naturalienkammer der Stiftungen besichtigen. Auf die Fächer Geognosie (die Wissenschaft von der Erdkruste) und Botanik, die neben Physik und Chemie unterrichtet wurden legte die Schule besonderen Wert. Seine Begeisterung für die Naturwissenschaften nutzte sein Schwager aus, um ihm die Notwendigkeit nahezubringen, sich auch in nicht naturwissenschaftlichen Fächern anzustrengen. (Abb. 3) Georg Sander scheint mit den Leistungen seines Ziehsohnes so

© Springer-Verlag GmbH Deutschland, ein Teil von Springer Nature 2022
G. Hoppe-Seyler, *Physiologische Chemie. Das Leben Felix Hoppe-Seylers,*
https://doi.org/10.1007/978-3-662-62002-1_3

Abb. 1 Dr. Georg Seyler, Dr..Georg Seyler Beseler S. um 1900 S. 11 Schmidt und Klaunig Kiel

unzufrieden gewesen zu sein, dass er über einen Schulwechsel nachdachte. Er schreibt am 09.09.1844:

> *So habe ich nun um Dein Abgangszeugnis bitten müssen. Dein Unfleiß den du [einschlägs?] hat den Sieg davongetragen. Wegen der Zukunft wollen wir [warten?] wenn Du kommst. Ich zweifle an Deiner Liebe zur Naturwissenschaft als Wissenschaft denn wäre sie echt und lebendig, so würde sie Dich [gezwungen?] haben, die gymnasiale Grundlage die nun einmal erfordert wird und erworben [werden?], muss, tüchtig zu legen. Auch bekümmert mich, dass Deine Lehrer im Deutschen und in der Mathematik ebenfalls nicht zufrieden sind. Ob [Real-?]gymnasium oder [Versuch?] mit einem guten Gymnasium vorzuziehen [sei?] bleibt die Frage. Davon mündlich. [Besorge alles; Nimm dankend Abschied von Deinen Lehrern und komm schnell, bringe alle Sachen mit. Bedarfst Du Geld, so wende Dich an Jacobs* (Seyler 1844, 9.9. zitiert aus einem Brief *Georg Seylers an Felix* Hoppe) (Professor Johann August Jakobs, Freund und Förderer Georg Seylers leitete das Pädagogikum der Universität Halle).

Die Schule, die Vorbild für die Entwicklung des Schulwesens in und außerhalb Europas wurde, war die umfassende Bildung und Erziehung

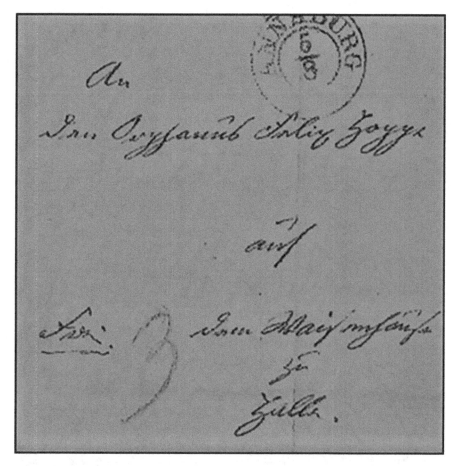

Abb. 2   Adresse des Waisen (Orphan: Der „Elternlose") Felix Hoppe in Halle

jedes einzelnen Schülers. Diese relativ liberale, wenn auch sehr strenge Ausrichtung spiegelt sich in der Tatsache wider, dass ihr Direktor Friedrich August Eckstein als Großmeister die Loge zu den Drei Degen leitete Persönliche Schwierigkeiten bei seiner Wahl und seine Zugehörigkeit zur Freimaurerei könnten allerdings der Grund gewesen sein Eckstein nach dem Tod August Hermann Niemeyers, dem Nachfolger und Enkel August Hermann Franckes, nicht zum Rektor der Stiftung zu wählen (Thiele 2010). Die Verbundenheit zwischen dem Direktor der Lateinschule und seinem Schüler Felix Hoppe(-Seyler) blieb lebenslang bestehen. Noch wichtiger für den jungen Naturforscher wurde aber der Apotheker der Francke'schen Stiftung (Vöckel Anja 2003, S. 20; Baumann und Kossel 1895/1896, S. V). Die Apotheke hatte, neben der Herstellung von Medikamenten und ihrem

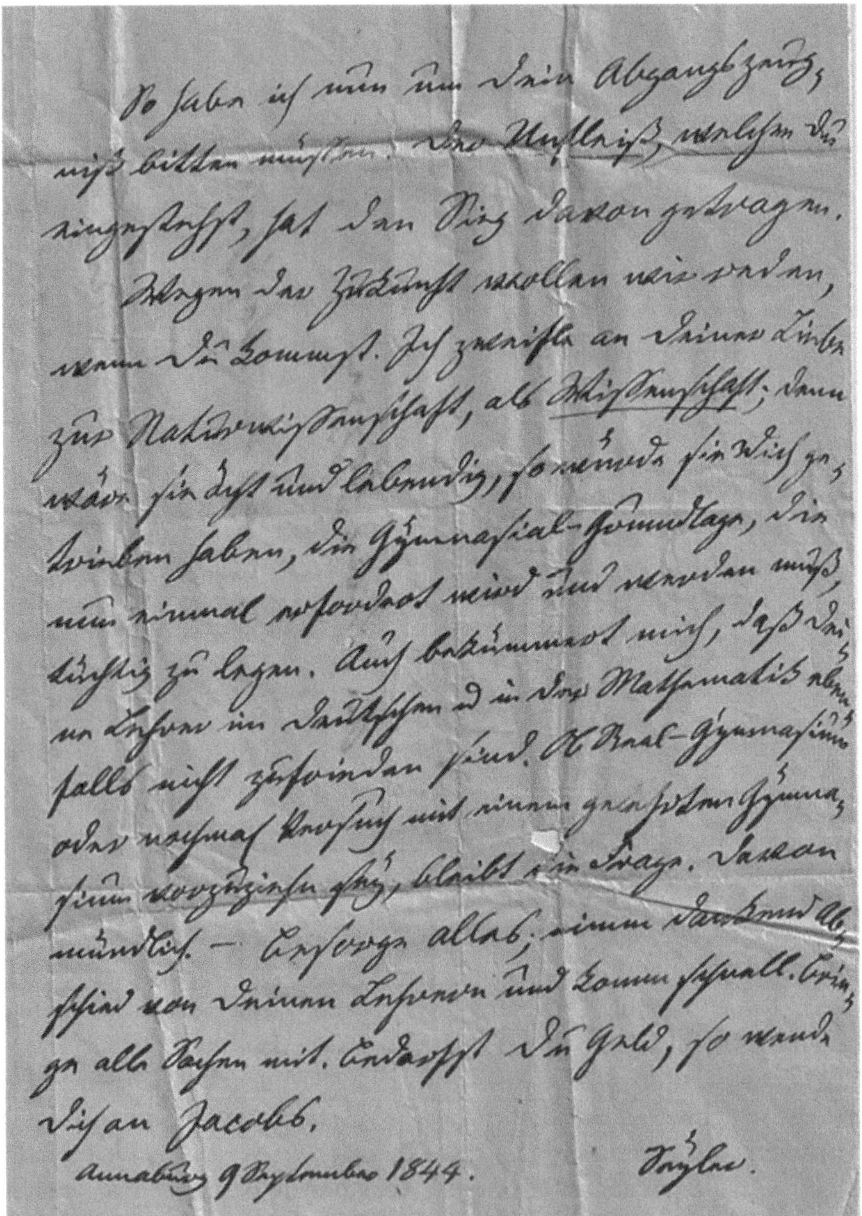

Abb. 3 Brief: D, Georg Seyler schreibt am 09.09.1844 an seinen Pflegesohn Felix Hoppe

Verkauf im In- und Ausland, auch medizinische Aufgaben. Sie führte häufig chemische Untersuchungen für medizinische Forschungsarbeiten durch. Es bestand eine enge Zusammenarbeit mit Medizinern der Universität Halle. Felix lernte bei dem älteren, wissenschaftlich interessierten Freund, Georg Hornemann chemische Experimente zu planen und selbstständig

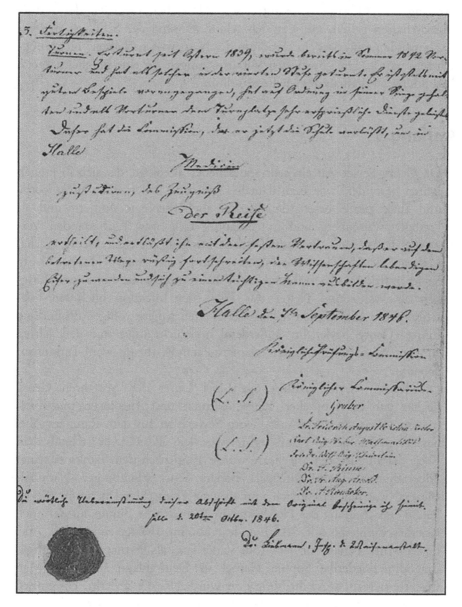

Abb. 4 Die dritte Seite der notariell beglaubigten Abschrift des Abiturzeugnisses

durchzuführen. Sie wanderten gemeinsam, sammelten und bestimmten im Riesengebirge Pflanzen und Mineralien. Als Felix nach dem Abitur die Schule verließ, beherrschte er bereits Anfangstechniken, wie sie für pharmazeutische, physiologische und chemische Experimente erforderlich sind.

Im September 1846 schloss Felix die Schule mit dem Abitur ab (Abb. 4). (Anhang 3.3) Obwohl seine Interessen zahlreichen Gebieten der Naturwissenschaften galten, muss er sich schon während der Schulzeit darüber klar geworden sein, dass ein „Studium der Naturwissenschaften" nicht möglich sein würde. Die günstigsten Voraussetzungen für eine möglichst breite Ausbildung bot damals das Medizinstudium.

Anhang 3

1. Dr. Georg Seyler war ein sehr angesehener Theologe, der sich in jungen Jahren besonders, wie man damals sagte mit „Belletristik", also Goethe und Shakespeare, beschäftigte, später aber Theologie studierte und als Prediger Wittenberg und in Annaburg tätig war. Es bestanden Verwandtschafts- und Freundschaftsbeziehungen zwischen Georg Seyler, Ludwig Nitzsch, Hermann Niemeyer und Ernst August Hoppe. Georg Seyler infizierte sich während einer Blatternepidemie bei seiner Tätigkeit als Pastor und Helfer. Als Folge der Infektion blieb ein fortschreitendes Augenleiden zurück das zu einer nahezu völligen Erblindung führte. Georg Seyler litt außerdem zusätzlich unter mit den Jahren zunehmendem Gliederzittern, damals Paralysis [heute wohl Parkinson] genannt.

2. Die Familie Seyler stammt aus Basel Unter den Vorfahren Georg Seylers gab es Apotheker, Bankdirektoren und Theologen und Freimaurer. Allein der Großvater Georg Seylers fiel aus dem Rahmen: Abel Seyler, ein Bankier in Hamburg der wie viele „Prominente" damals dem Kreis der Illuminaten angehörte wurde 1766 nach dem Bankrott seiner Silberaffinerie Theaterprinzipal. Bereits sein „Hamburger Nationaltheater" war sehr erfolgreich und in ganz Deutschland berühmt. Seyler leitete eine Zeitlang das Hoftheater in Weimar, die Bühne auf der auch Goethes Probleme mit dem Hundeverbot im Theater entstanden. Abel Seyler wurde bereits vor dem Tode seiner Frau als Partner der berühmten Tragödin Friederike Sophie Hensel in Deutschland bekannt. (Man flüsterte sich zu, er sei ihr hörig.) Sie wurde als „die Seylerin" ein großer, aber extravaganter Star, den das Publikum verehrte. Abel Seyler wurde

schließlich entlassen. Er soll eine Rivalin des Stars der Theatergruppe übel beschimpft und geohrfeigt haben (Schlenther 1892). Abel scheint in der sehr konservativen Familie Seyler etwas aus dem Rahmen gefallen zu sein.

3. Das Zeugnis (Abb. 4) besteht aus drei Seiten einer notariell beglaubigten und leider schwer leserlichen Abschrift. Seine Lehrer heben die Kenntnisse in Physik, Geognosie und Turnen hervor. Griechisch und Latein werden gelobt. Im Deutschen haben sich seine Leistungen gebessert, aber es fehlt an Form und Übersicht. Sein Verhalten gegenüber Lehrern und Mitschülern wird gelobt. Für eine pietistische Schule fällt die Beurteilung im Religionsunterricht eher formelhaft und zurückhaltend aus. Besonders wird darauf hingewiesen, dass er seit 1842 in seiner Eigenschaft als Vorturner seine „Riege" vorbildlich geführt habe.

Literatur

Baumann E. Kossel A.(1895–1896) Zur Erinnerung an Felix Hoppe-Seyler. Z Physiol Chem 21:[108ff] I–LXI S 5

Thiele A (2010 Nov.) Friedrich August Eckstein. (Andrea Thiele, Kulturfalter November 2010) In der Stadtgeschichtsserie der Stadt Halle. https://www.kulturfalter.de › Magazin › Stadtgeschichte

Schlenther P (1892) Seyler Abel. In Allgemeine Deutsche Biographie, herausgegeben von der Historischen Kommission bei der Bayerischen Akademie der Wissenschaften, Bd 34, S 778–782. Digitale Volltext-Ausgabe in Wikisource. https://de.wikisource.org/w/index.php?title=ADB:Seyler,_Abel&oldid=- (Version vom 22. Februar 2022, 16:28 Uhr UTC)

Seyler G (1844 5.8.) Brief an Felix Hoppe bedeutet also Brief vom 5. August 1884 (auch ohne HInweis): Archiv G. Hoppe-Seyler

Vöckel A (2003) Die Anfänge der physiologischen Chemie, Ernst Felix Immanuel Hoppe-Seyler (1825–1895) S 8–22 d-nb.info › ...Ernst Felix Immanuel Hoppe-Seyler. Zugegriffen: 18. Jan. 2020

Kapitel 4: Studium und Dissertation

Felix begann an der Universität Halle Medizin zu studieren. Gleichzeitig arbeitete er im Labor des Pharmazieprofessors und Chemikers Karl Steinberg und beschäftigte sich mit Untersuchungen über Pflanzenbestandteile. Steinberg betrieb zu jener Zeit ein privates Laboratorium (Nuhn P. und Remane H. 2010) An den Universitäten in Halle und Leipzig hatten Johann Christian Reil, Johann Horkel (Archiv für Thierische Chemie) und Georg Karl Ludwig Sigwart (später Tübingen) (Bohley P. 2009) bereits physiologische und physiologisch-chemische Forschungsarbeiten publiziert. Sigwart vertrat bereits nicht mehr vitalistische Auffassungen, Johann Christian Reil (1780–1813), bei dem er kurze Zeit in Halle tätig war, veranlasste allerdings mit seinem Werk *„Von der Lebenskraft"* naturphilosophische Diskussionen.

Die Bezeichnungen Thierische Chemie, Tierchemie, Zoochemie, Medizinische Chemie oder auch schon Physiologische Chemie, sogar Biochemie (Vinzenz Kletzinsky); (Bohley 2009) umfassten ein neu entstehendes Gebiet der Naturwissenschaften. Neu, da die zunehmende Kenntnis chemischer Grundprozesse der Biologie rasch die ominösen Vorstellungen von der *vis vitalis,* der Lebenskraft, ersetzten (Hühnerfeld 1956). Aber noch waren die Möglichkeiten, Erfahrungen zu erwerben, schlecht. Viele Wissenschaftler grenzten ihre persönlichen Forschungsgebiete eifersüchtig ab. Es wurden Sammlungen von „Erkenntnissen", die weniger auf Experimenten als auf Hypothesen beruhten, in umfangreichen Lehrbüchern veröffentlicht. Eine geordnete praktisch-chemische Ausbildung existierte nicht. Die apparativen und räumlichen Bedingungen waren unzureichend. Lehrer, die

© Springer-Verlag GmbH Deutschland, ein Teil von Springer Nature 2022
G. Hoppe-Seyler, *Physiologische Chemie. Das Leben Felix Hoppe-Seylers,*
https://doi.org/10.1007/978-3-662-62002-1_4

praktische Erfahrungen weitergeben konnten, fand man möglicherweise bei Pharmazeuten, aber nur selten unter Medizinern oder Chemikern.

Friedrich Ludwig Jahn holte Felix immer noch regelmäßig, nachdem er den Weg von Freyburg nach Halle zu Fuß zurückgelegt hatte, zu Exkursionen in der Umgebung ab. Er kannte das Saale-Unstrut-Tal sehr gut. und Jahn (die Kinder der Familie Hoppe nannten ihn Professor Jahn) hatte in einer Höhle in Giebichenstein bei Halle gelebt und war einige Zeit als Hilfslehrer (er hatte kein Abitur) im „Waisenhaus" in Halle angestellt worden.

Felix Hoppes liebstes Ziel aber blieb das Riesengebirge. Es ist ein Paradies für an der Wissenschaft vom Aufbau der Erdoberfläche Interessierte. Einmal übernachtete er in einer Schutzhütte gemeinsam mit zwei ihm unbekannten Wanderern, die sich als Professoren der Universität Leipzig vorstellten. Es handelte sich um die Anatomen und Physiologen Eduard Friedrich und Ernst Heinrich Weber (Anhang 4.1), mit denen er sich anfreundete und die ihm anboten, bei ihren Experimenten zu assistieren.

Hoppe ließ sich deshalb für das dritte Semester an der Universität Leipzig immatrikulieren und arbeitete neben dem Medizinstudium als wissenschaftliche Hilfskraft. Auch mit dem dritten Bruder, dem genialen Physiker Wilhelm Eduard Weber, entstand eine von Verehrung geprägte Freundschaft. Wilhelm E. Weber (Anhang 4.2), der in Göttingen mit Carl Friedrich Gauß grundlegende physikalische Untersuchungen und Experimente durchgeführt hatte, nahm 1843 einen Ruf an die Universität Leipzig an. Hoppes Erfahrungen, der Kontakt mit dem berühmten Physiker und seinen Brüdern gewannen besondere Bedeutung für spätere Untersuchungen über Grundlagen der Perkussion und Auskultation. Sie führten zu den ersten Publikationen des jungen Physiologen Felix Hoppe. Ernst Heinrich und Wilhelm E. Weber beschäftigten sich zu dieser Zeit mit Schallleitungsuntersuchungen (Anhang 4.3).

Carl Gotthelf Lehmann, der die Physiologische Chemie an der Universität Leipzig vertrat, versuchte in seinem Privathaus Lehr- und Forschungsmöglichkeiten zu schaffen. Das Bestreben, ein für die Forschung und den praktischen Unterricht geeignetes Physiologisch-Chemisches Institut einzurichten oder auch nur Räume in Gebäuden der Universität in Anspruch nehmen zu können, stieß auf Hindernisse. Es fehlte an Unterstützung, da andere Fächer als wichtiger angesehen wurden (Becker und Hofmann 1996). Carl Gotthelf Lehmann hatte früh die Chemie der Lebensvorgänge als ein brachliegendes Wissensgebiet erkannt. Bereits 1842, zu einer Zeit, als Felix Hoppe noch die Schule besuchte, begann er ein umfangreiches (dreibändiges) *Lehrbuch der Physiologischen Chemie* abzufassen [Es muss eine Art Enzyklopädie gewesen sein, (s. Kapitel 4. Zitat Friedrich Miescher) und hielt das Gebiet betreffende Vorlesungen (Anhang 4.4). Felix Hoppe wird in Leipzig miterlebt haben, wie sehr der Erfolg der Bemühungen Lehmanns, bei dem er arbeitete, von den Umständen an der Universität, Meinungen der Kollegen, den Geldgebern und höchst subjektiven Entscheidungen abhängig war. Lehmann folgte 1854 schließlich enttäuscht dem Ruf auf einen Lehrstuhl für Chemie in Jena. Als Hoppe-Seyler 1870 das Ordinariat für Medizinische Chemie in Leipzig angeboten wurde, lehnte er, sicher auch in Erinnerung an die Erfahrungen Lehmanns, umgehend ab. (s. Kapitel 10: Ein neues Fach an einer jungen Universität). Er hatte wohl Grund zur Annahme, dass er in Leipzig auf einen Wettbewerb um Ansehen und Mittel mit bereits bestehenden Instituten stoßen könnte.

Felix Hoppe und Otto Funke waren Freunde und kannten einander sehr gut. Funke promovierte 1851 mit einer Arbeit mit dem Titel „Die Entdeckung der Blutkrystalle". Beide hatten bei E. H. Weber und C. G. Lehmann gearbeitet. Nachdem C. G. Lehmann 1856 Leipzig verlassen hatte, übernahm Funke dessen Position und Aufgaben. Otto Funke und Felix Hoppe(-Seyler) standen auch in späteren Jahren in brieflicher Verbindung (Funke 1873) und trafen sich, nachdem sie ihre Ziele als selbstständige Vertreter ihrer Fächer erreicht hatten, weiter regelmäßig. Später organisierten Hoppe-Seyler von Straßburg und Funke von Freiburg aus gemeinsame Tagungen in Süddeutschland. In Leipzig besuchte Hoppe auch fleißig die Vorlesungen der Internisten Theodor von Oppolzer und Carl Wunderlich. Die Kolleghefte führte er sehr ausführlich und genau (Abb. 1 und 2).

1850 entschloss sich Felix Hoppe, an die Berliner Universität zu wechseln. Große Persönlichkeiten der Medizin und Naturwissen-schaften arbeiteten in der Mitte des 19. Jahrhunderts in der Hauptstadt. So lehrten hier neben anderen berühmten Wissenschaftlern der Neurologe Moritz Romberg als Leiter der Medizinischen Poliklinik der Charité, der Chirurg Bernhard von Langenbeck und der Internist Johann Lukas Schönlein mit seinem.

Oberarzt Ludwig Traube, dem Bruder von Moritz Traube (s. Kapitel 14: Diskussionen). Ludwig Traube wurde der verehrte Lehrer des Internisten Ernst Victor von Leyden, der 1872 aus Königsberg an die Kaiser-Wilhelms-Universität in Straßburg berufen wurde und dort vier Jahre tätig war. (Moritz M.S. 1958). Der Chemiker Eilhard Mitscherlich und sein Bruder Karl Gustav, Vertreter der Pharmakologie an der Charité dessen Nachfolger Oskar Liebreich der bei Felix Hoppe promovier hatte wurde trugen zum Ruf der Berliner Universität bei.

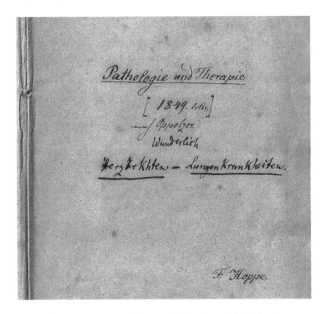

Abb. 1   Aus dem Kolleg Innere Medizin an der Universität Leipzig

Abb. 2   Aufzeichnungen aus der Psychiatrie Vorlesung (Felix scheint sich zu lang-weilen)

Rudolf Virchow hatte vor seiner Berufung nach Würzburg in Berlin gearbeitet. 1839 entdeckten der Anatom Theodor Schwann und der Botaniker Matthias Schleiden dass die Zelle mit ihrem Zellkern als kleinste Funktionseinheit nicht allein bei Pflanzen sondern auch im tierischen Organismus aufgefasst werden kann. Rudolf Virchow erkannte, dass jede Zelle aus einer Zelle entsteht und Gesundheit und Krankheit von der Zellfunktion abhängen. Er hatte wie nach ihm Felix Hoppe bei dem berühmten Physiologen Johannes Peter Müller promoviert.

Das Studium schloss Hoppe 1851 mit seiner Dissertation bei dem Anatomen und Physiologen Johannes Müller (Abb. 3) (Hoppe Felix 1850) ab. Im gleichen Jahr wurde er approbiert. Er widmete die Arbeit über die Histologie und Chemie des Knorpelgewebes seinem väterlichen Freund Ernst Heinrich Weber (Abb. 4) Sie ist nach einem Muster angelegt, das Felix Hoppe(-Seyler) später beibehalten hat: Biologische Befunde (die Histologie des Knorpelgewebes) versuchte er auf ihre chemischen Grundlagen zurückzuführen. Sein Vorgehen entsprach den Grundsätzen der Schüler Johannes Müllers „Spekulationen sind unwissenschaftlich. Es gelten allein durch Ergebnisse von Experimenten beweisbare Erkenntnisse."

Felix hatte das Glück, Persönlichkeiten kennenzulernen, deren Forschungen zu einer Blüte der naturwissenschaftlich begründeten Medizin führten. Schüler seines Doktorvaters um den Physiologen Emil du Bois-Reymond, Wilhelm Ritter von Brücke bei dem Sigmund Freud einige Zeit als Assistent am Wiener Physiologischen Institut verbrachte und Hermann von Helmholtz gründeten eine Gruppe die sich ironisch aber auch um ihre mechanistische Denkweise zu demonstrieren die „Fabrik der physiologischen Physik" nannte. Auch der Leipziger Physiologe Carl Ludwig, als Einziger nicht Schüler Johannes Müllers, war der Überzeugung, dass der „Glaube" der Vitalisten durch experimentell erworbene „Erkenntnis" ersetzt werden sollte. Er schloss sich eng Emil Du Bois-Reymond und seinen Schülern an.

Später wechselten Mitarbeiter zwischen der Physiologischen Chemie in Tübingen oder Straßburg und der Physiologie in Leipzig (s. Kapitel 15: Der Universitätslehrer, seine „Schüler" und weitere Mitarbeiter, z. B. Vladimir Ivanovich Dybkovski) (s. auch Beneke 1998). Wie Ludwig bewunderte Hoppe Du Bois-Reymond. Hoppe verdankt eine Reihe von Anregungen dem Kontakt mit Du Bois-Reymond. Als Nachfolger Johannes Peter Müllers vertrat der Begründer der experimentellen Elektrophysiologie als Erster in Berlin seine Wissenschaft als selbstständiges Fach. Zum Leidwesen Hoppe(-Seylers) stand der viel diskutierte Wissenschaftstheoretiker und Philosoph allerdings einer Verselbstständigung der Physiologischen Chemie ablehnend gegenüber.

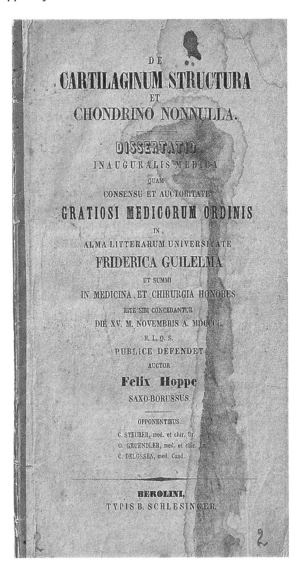

Abb. 3 Die Dissertation

Zwischen Hoppe(-Seyler) und Ludwig, die sich sehr schätzten, bestanden Gegensätze und Gemeinsamkeiten. Der überaus ernste, strenge Hoppe (-Seyler), der seine Mitarbeiter peinlich genau kontrollierte, und der fröhliche, fantasievolle und großzügige, aber ebenso exakt arbeitende geniale

Abb. 4 Ernst Heinrich Weber gewidmet

Experimentator wurden als leidenschaftliche Lehrer ihrer Fächer berühmt. Das im Leipziger Physiologischen Institut entstehen-de, für junge Wissenschaftler außerordentlich attraktive „Klima" schildert auch Friedrich Miescher in seinen Briefen. (Miescher Friedrich 1897): Er arbeitete anschließend an seine Tätigkeit in Tübingen bei Carl Ludwig. Im Labor des Physiologischen Instituts in Leipzig trafen, wie bei Felix Hoppe-Seyler in Greifswald, Berlin, Tübingen und schließlich in Straßburg, Mitarbeiter aller auch außerhalb Deutschlands existierenden Schulen der Medizin und Physiologie aufeinander.

Friedrich Miescher, der, wenn berechtigt, sein kritisches Urteil nicht zurückhielt (s. Kapitel 9: Eine Tischordnung und die Entdeckung des Nukleins; Miescher 1897, S. 9–10), hat sowohl Felix Hoppe-Seyler in Tübingen wie auch Ludwig nicht nur als Physiologen und Experimentator, sondern besonders als Persönlichkeit geschätzt. In einem der von Wilhelm His veröffentlichten Briefe an Hoppe-Seyler schildert er begeistert die internationale Zusammensetzung der an den Experimentiertischen im Physiologischen Institut arbeitenden Forschergruppe um den von seinen Mitarbeitern verehrten Physiologen. Es war möglich, in Leipzig neben Kollegen zu arbeiten, die Erfahrungen aus den damals wissenschaftlich maßgeblichen Instituten mitbrachten:

„Das Leipziger Physiologische Institut: war dieses Jahr förmlich eine Art inter-
nationaler wissenschaftlicher Börse: Italiener, Franzosen, Schweden Norweger,
Russen, Amerikaner, Mohammedaner drängten sich an die Experimentiertische
heran. Was aber mehr werth ist, fast alle gegenwärtigen Schulen waren durch
Schüler oder frühere Assistenten vertreten. Bidder [Dorpat] und Schmidt
[Marburg], Voit [München], Helmholtz [Berlin] Du Bois-Reymond [Berlin]
Kühne [Amsterdamm], Recklinghausen [Würzburg], Brücke [Wien] u.s.w. Jeder
Dieser Text soll im Anschluss an Jeder eingefügt werden bringt irgendetwas mit
und selbst meiner Wenigkeit, als einem Absenker aus ihrem Laboratorium wurde
die Berechtigung zugestanden, etwa in Hämoglobinsachen weise Ratschläge zu
erteilen. Dieser Text soll im Anschluss an Jeder eingefügt werden Der Bericht von
MIescher sollte vor der Abbildungen eingefügt werden. Jeder hat über gewisse
Dinge mehr Urteil als die Anderen, und spielend erweitert man in kurzer Zeit
seinen Gesichtskreis in ganz entschiedener Weise" (Miescher 1897, S. 47).

Liest man den Bericht des amerikanischen Pathologen und Histologen
William Henry Welch der eine der großen Gestalten der amerikanischen
Medizin wurde an seine – Schwester über die Tätigkeit bei Carl Ludwig, so
fällt auf, mit welcher Bewunderung Welch der eigentlich lieber seine histo-
logischen Kenntnisse und Fähigkeiten bei von Recklinghausen in Straßburg
vervollkommnend hätte aber damals noch als Anfänger keinen Platz bekam,
über Carl Ludwig spricht. Er bewundert die Exaktheit der Experimente
Ludwigs und fasst schließlich zusammen:

„Meine Arbeit bei Professor Ludwig ist von großem Nutzen für mich gewesen
und zwar in erster Linie, weil sie mir Einblick in die Technik und Methoden
der modernen Physiologie gewährt hat. Die Physiologie übertrifft alle anderen
medizinischen Gebiete an Exaktheit, und gerade um diese Exaktheit hat sich
Professor Ludwig größere Verdienste erworben als jeder andere Zeitgenosse. Er und
der große Franzose Claude Bernard sind zweifelsohne die beiden größten lebenden
Physiologen. Bernard ist genialer aber Ludwig übertrifft ihn an Genauigkeit und
wirklich wissenschaftlichen Untersuchungsmethoden. Eines hoffe ich aus Professors
Ludwigs Lehre und Beispiel gelernt zu haben, was für den Mikroskopiker ebenso
wichtig ist, wie für jeden Wissenschaftler überhaupt: nämlich sich nicht mit vagen
Hypothesen und halben Beweisen zu begnügen, sondern genau und sorgfältig die
Tatsachen zu beobachten" (Flexner und Flexner 1948, S. 66).

Es gibt aber einen deutlichen Unterschied zwischen den beiden Arbeitsgruppen: Unter Hoppe-Seylers Schülern befinden sich zahlreiche Anfänger, die im Wesentlichen die Grundlagen physiologisch-chemischer Experimente kennenlernen und unter sehr zeitaufwendiger, ganz regelmäßiger Kontrolle und Anleitung ein Thema, das ihnen ihr Chef vorgeschlagen hatte, bearbeiten. Bei Ludwig sammeln sich neben Anfängern zahlreiche bereits erfahrenere Mitarbeiter aus den verschiedensten Gebieten der Medizin. Sie bringen Kenntnisse aus ihren Forschungsbereichen mit und geben sie in Diskussionen an ihre Kollegen weiter.

Anhang 4

1. Die Brüder Weber: Eduard Friedrich Weber war Anatom und der Vorgänger von Carl Ludwig auf dem Lehrstuhl für Physiologie an der Universität Leipzig. Ernst Heinrich Weber, Anatom und Physiologe, beschrieb den Weber-Versuch zur Diagnostik von Hörstörungen und Grundsätzliches aus der „physikalischen" und Entwicklungsphysiologie. Das Weber-Fechner-Gesetz und die Etablierung der Psycho-Physiologie sind mit seinem Namen verbunden.
2. Wilhelm Eduard Weber, der dritte Bruder, Professor der Physik in Göttingen, Freund des Physik-, Mathematik- und Astronomieprofessors Carl Friedrich Gauß, gehörte zu den Göttinger Sieben. Wie die weiteren Kritiker verlor er seinen Lehrstuhl, als sie gemeinsam gegen die Außerkraftsetzung des Staatsgrundgesetzes durch Ernst August von Hannover protestierten. Wilhelm Weber nahm eine Physikprofessur in Leipzig an, ehe er schließlich 1848 nach Göttingen zurückkehrte (Knott 1896).
3. Ernst Heinrich und Wilhelm E. Weber beschäftigten sich zu dieser Zeit mit Schallleitungsuntersuchungen im Wasser. Im Nachruf auf Felix Hoppe-Seyler berichten seine Freunde und Mitarbeiter Baumann und Kossel, dass er sich mit Vergnügen an seine Erlebnisse als Teilnehmer an diesen akustischen Versuchen, mit dem Ziel Geräusche unter Wasser zu registrieren, erinnerte. Felix Hoppe musste auf dem Grund eines Wasserbeckens Geräusche registrieren Regelmäßig vergaß der Untersucher,

vertieft in ein Gespräch mit einem zufällig Vorbeikommenden, seine atemlos auftauchende Versuchsperson (vergl. Baumann und Kossel 1895/1896).

4. Der Student: Die Professoren, an deren Vorlesungen, Kursen und Praktika er (Abb. 5 und 6) in Halle, Leipzig und Berlin teilgenommen hat, führt Hoppe im seinem Lebenslauf der Promotionsarbeit an. Seine Gedanken waren in der Psychiatrievorlesung nicht sehr bei dem jeweiligen Thema. (Abb. 2) Auch Aufzeichnungen aus WienerVorlesungen Rokitanskys und Skodas sind erhalten

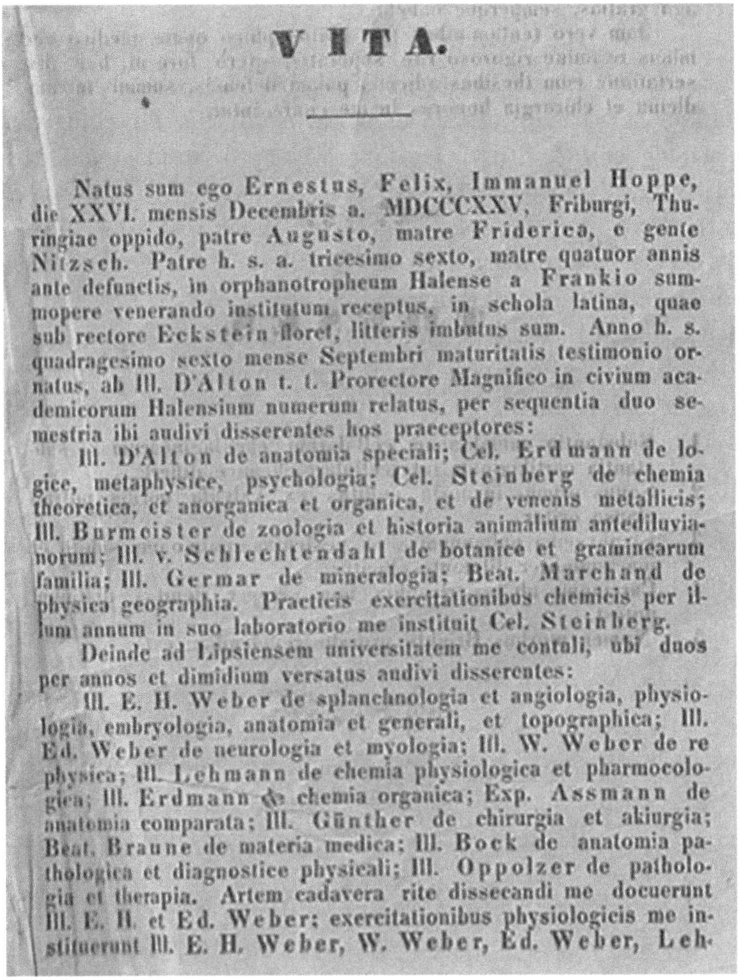

VITA.

Natus sum ego Ernestus, Felix, Immanuel Hoppe, die XXVI. mensis Decembris a. MDCCCXXV, Friburgi, Thuringiae oppido, patre Augusto, matre Friderica, e gente Nitzsch. Patre h. s. a. tricesimo sexto, matre quatuor annis ante defunctis, in orphanotropheum Halense a Frankio summopere venerando institutum receptus, in schola latina, quae sub rectore Eckstein floret, litteris imbutus sum. Anno h. s. quadragesimo sexto mense Septembri maturitatis testimonio ornatus, ab Ill. D'Alton t. t. Prorectore Magnifico in civium academicorum Halensium numerum relatus, per sequentia duo semestria ibi audivi disserentes hos praeceptores:

Ill. D'Alton de anatomia speciali; Cel. Erdmann de logice, metaphysice, psychologia; Cel. Steinberg de chemia theoretica, et anorganica et organica, et de venenis metallicis; Ill. Burmeister de zoologia et historia animalium antediluvianorum; Ill. v. Schlechtendahl de botanice et graminearum familia; Ill. Germar de mineralogia; Beat. Marchand de physica geographia. Practicis exercitationibus chemicis per illum annum in suo laboratorio me instituit Cel. Steinberg.

Deinde ad Lipsiensem universitatem me contuli, ubi duos per annos et dimidium versatus audivi disserentes:

Ill. E. H. Weber de splanchnologia et angiologia, physiologia, embryologia, anatomia et generali, et topographica; Ill. Ed. Weber de neurologia et myologia; Ill. W. Weber de re physica; Ill. Lehmann de chemia physiologica et pharmocologica; Ill. Erdmann de chemia organica; Exp. Assmann de anatomia comparata; Ill. Günther de chirurgia et akiurgia; Beat. Braune de materia medica; Ill. Bock de anatomia pathologica et diagnostice physicali; Ill. Oppolzer de pathologia et therapia. Artem cadavera rite dissecandi me docuerunt Ill. E. H. et Ed. Weber; exercitationibus physiologicis me instituerunt Ill. E. H. Weber, W. Weber, Ed. Weber, Leh-

Abb. 5 Curriculum Vitae Seite 1

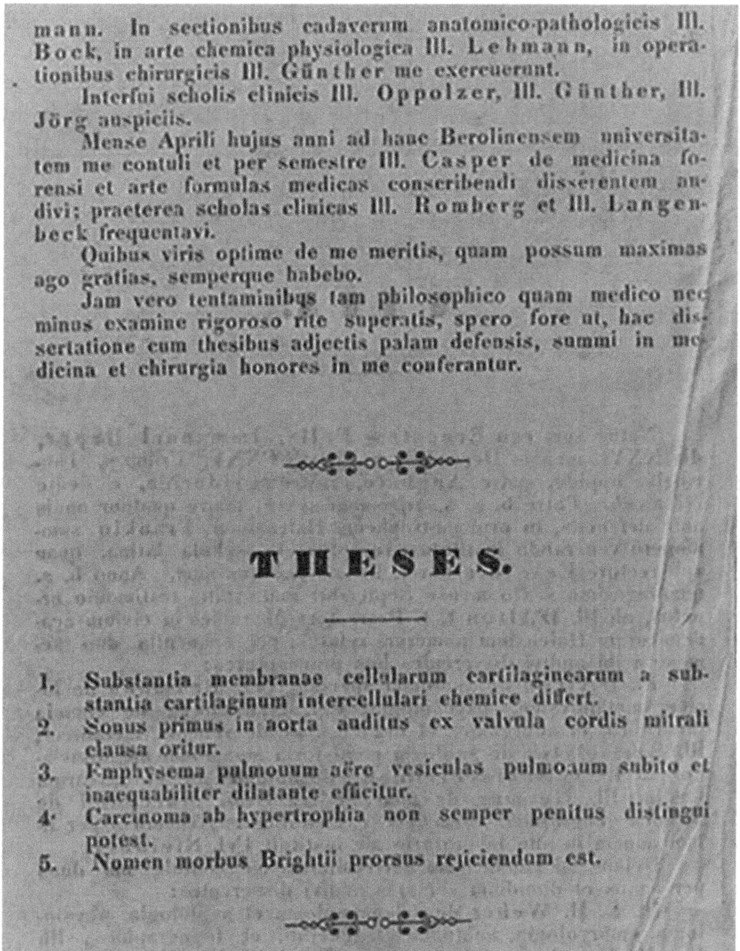

mann. In sectionibus cadaverum anatomico-pathologicis Ill.
Bock, in arte chemica physiologica Ill. Lehmann, in opera-
tionibus chirurgicis Ill. Günther me exercuerunt.
      Interfui scholis clinicis Ill. Oppolzer, Ill. Günther, Ill.
Jörg auspiciis.
      Mense Aprili hujus anni ad hanc Berolinensem universita-
tem me contuli et per semestre Ill. Casper de medicina fo-
rensi et arte formulas medicas conscribendi disserentem audivi; praeterea scholas clinicas Ill. Romberg et Ill. Langenbeck frequentavi.
      Quibus viris optime de me meritis, quam possum maximas
ago gratias, semperque habebo.
      Jam vero tentaminibus tam philosophico quam medico nec
minus examine rigoroso rite superatis, spero fore ut, hac dis-
sertatione cum thesibus adjectis palam defensis, summi in me
dicina et chirurgia honores in me conferantur.

THESES.

1. Substantia membranae cellularum cartilaginearum a sub-
    stantia cartilaginum intercellulari chemice differt.
2. Sonus primus in aorta auditus ex valvula cordis mitrali
    clausa oritur.
3. Emphysema pulmonum aëre vesiculas pulmonum subito et
    inaequabiliter dilatante efficitur.
4. Carcinoma ab hypertrophia non semper penitus distingui
    potest.
5. Nomen morbus Brightii prorsus rejiciendum est.

Abb. 6 Curriculum Vitae Seite 2 Sein Lebenslauf lässt die Bemühungen Felix Hoppes erkennen, Erfahrungen nicht nur in der Medizin, sondern auch bei berühmten Natur-wissenschaftlern zu erwerben

Literatur

Baumann E, Kossel A (1895–1896) Zur Erinnerung an Felix Hoppe-Seyler. Z Physiol Chem 21:[108ff] I–LXI

Becker C, Hofmann E (1996) Die Physiologische Chemie in Leipzig. hrsg. vom Leipziger Geschichtsverein e. V. Sachs Verlag Beucha. https://www.zvab.com › ... › Becker, Cornelia und Eberhard Hofmann

Beneke K (1938) Ludwig www.uni-kiel.de/anorg/lagaly/group/klausSchiver/ludwig. pdf ludwig Auszug und ergänzter Artikel (April 2005) aus: Biographien und wissenschaftliche Lebensläufe von Kolloidwissenschaftlern, deren Lebensdaten mit 1995 in Verbindung stehen. Beiträge zur Geschichte der Kolloidwissenschaften, VI Mitteilungen der Kolloid-Gesellschaft, 1998, Seite 24–28 Verlag Reinhard Knof, Nehmten

Bohley P (2009) Das Schlosslabor in der Küche von Hohentübingen, Wiege der Biochemie 8–22. S 27 Der faire Kaufladen (Bruno Gebhardt-Pietsch)

Flexner S, Flexner J (1948) Henry Welch und das heroische Zeitalter der amerikanischen Medizin Georg Thieme S. 71 (Neue Ausgabe: William Henry Welch and the Heroic Age of American Medicine (Englisch) Gebundenes Buch – 1. Januar 1993)

Funke O (1873–1876) 16 Briefe an Hoppe-Seyler

Hoppe F (1850) Inauguraldissertation

Hühnerfeld P (1956) Kleine Geschichte der Medizin. Heinrich Scheffler, Frankfurt a. M., S 120–145

Knott R, Weber W (1896) In: Allgemeine Deutsche Biographie 41, S 358–361. https://www.deutsche-biographie.de/pnd11862976X.html#adbcontent

Miescher F (1897) Die histochemischen und physiologischen Arbeiten von Friedrich Miescher Band.1 herausgegeben von seinen Freunden. F. C. W. Vogel, Leipzig, S 42

Moritz Maria S (verw. Hochhaus) (1958) Deutsche Kliniker um die Jahrhundertwende. Josef Schumpe, Köln-Lindental, S 26

Nuhn P, Remane H, Neubert R (2010) Entwicklung der Fachrichtung Pharmazie an der Universität Halle. https://www.pharmazie.uni-halle.de › forschung › entwi.... Zugegriffen: 17. Nov. 2010

Kapitel 5: Weitere Ausbildung in Prag und Wien. Arzt am Berliner Arbeitshaus und der Cholerabaracke Weidendammstraße

Um Erfahrung auch auf geburtshilflichem Gebiet und als Geburtshelfer zugelassen und zu erwerben, wechselte Felix anschließend an die Universität in Prag. Eine kurze Zeit verbrachte er auch in Wien. Er lernte den Pathologen Carl von Rokitansky, den Dermatologen Ferdinand von Hebra und den Internisten Josef von Skoda also berühmte Vertreter der „Zweiten Wiener Medizinischen Schule", kennen. Kurze Zeit hospitierte er auch bei von Skoda. (Ignaz Semmelweis, der Fehlen von Hygienemaß-nahmen als Ursache des Kindsbettfiebers entdeckte, hatte bei Josef von Skoda und Carl von Rokitansky studiert und gearbeitet). Der besonders auf dem Gebiet der Lungen- und Herzkrankheiten als Autorität angesehene Internist von Skoda war einer der Ersten, der aus der Entdeckung des Geburtshelfers Semmelweis Konsequenzen für die Behandlung seiner Patienten zog und Hygienerichtlinien in seiner Klinik einführte.

Felix Hoppe bewunderte wie Rudolf Virchow die Entwicklung der medizinischen Wissenschaften, besonders die der Pathologie und der Physikalischen Untersuchungstechnikern (J. v. Skoda) durch die Kliniker der Zweiten Wiener Medizinischen Schule. Obwohl sie ihn als Wissenschaftler bewunderten, fanden allerdings Rokitanskys Vorstellungen von der Entstehung von Krankheiten, die sogenannte Krasenlehre (Blutmischungstheorie), (Rokitansky v. 1846), bei Rudolf Virchow und seinen Schülern kein Verständnis (Anhang 5.1); In Vorträgen vor Berliner Ärzten und Wissenschaftlern äußerte Virchow sich entsprechend (Rabl M. 1907).

Nach Hause berichtete Felix ausführlich (Abb. 1) über sein Leben in Prag. Briefe (Anhang 5.2) an seine Freundin und spätere Frau Marie Borstein

© Springer-Verlag GmbH Deutschland, ein Teil von Springer Nature 2022
G. Hoppe-Seyler, *Physiologische Chemie. Das Leben Felix Hoppe-Seylers*,
https://doi.org/10.1007/978-3-662-62002-1_5

Abb. 1 Brief aus Prag an seine Jugendfreundin und spätere Frau Maria Agnes Franziska Borstein

hatten aber neben medizinischen auch andere Schwerpunkte (Hoppe F. 1851). Sie behandelten die Qualität der österreichischen Zigarren: Seine Sorte, („Regalia aus Kuba"), war nicht zu bekommen). „Die österreichischen schmeckten wie Löschpapier." Das Sofa in seinem Zimmer „war zu hart". Felix verbrachte aber auch Zeit auf Reisen durch die Alpen, nach Florenz und Neapel.

Außerdem teilt er seiner Marie mit, dass Henry Barker (1849); (Anhang 5.3), einer seiner Freunde, dessen Familie in Rio De Janeiro lebte, ihn erneut (!) zu überzeugen versuchte, nach Brasilien auszuwandern. Er schien nicht abgeneigt – Marie jedoch war wohl ganz dagegen. Möglicherweise scheiterten damals seine Versuche, an der Berliner Universität eine Anstellung zu finden. Obwohl er sich bemühte, fehlte ihm die Zeit und Gelegenheit, neben der ärztlichen Tätigkeit wissenschaftlich zu arbeiten. Felix muss zu dieser Zeit unzufrieden und unglücklich gewesen sein.

Da es ihm nicht gelang, sich in Berlin zu habilitieren, arbeitete er kurze Zeit als praktischer Arzt (Abb. 2 und 3) und später als Assistent zuerst an der Cholerabaracke Weidendammbrücke und dann am Berliner Arbeitshaus. (Anhang 5.4). Völlig unmöglich schien eine seinen Ansprüchen gerecht werdende wissenschafliche Tätigkeit unter diesen Bedingungen. Er hat aber

Abb. 2 Der Preußische Medizinalkalender (Praktische Ärzte: Berlin Provinz Brandenburg 1851)

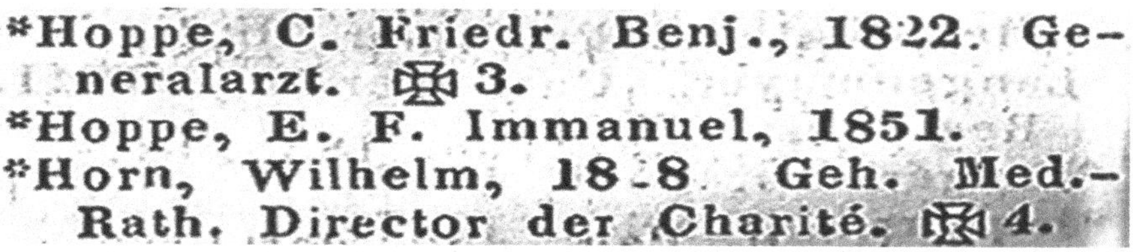

*Hoppe, C. Friedr. Benj., 1822. Generalarzt. ✠ 3.
*Hoppe, E. F. Immanuel, 1851.
*Horn, Wilhelm, 18_8. Geh. Med.-Rath, Director der Charité. ✠ 4.

Abb. 3 Eintrag in das Ärzteverzeichnis (Approbation 1851)

gerne – was er oft zum Ausdruck brachte – als praktischer Arzt gearbeitet. Wenn man den Familienüberlieferungen folgt, schätzte er seine ärztlichen Fähigkeiten hoch ein und gab gerne auch in späteren Jahren Behandlungsvorschläge. Die Familie soll allerdings seine mit entprechender Autorität geäußerten Empfehlungen eher gefürchtet haben.

Anhang 5

1. Als Rudolf Virchow 1846 approbiert wurde, schrieb er seinem Vater, dass er sich habilitieren werde, und teilte ihm mit: …*„Kürzlich ist dann noch eine Kritik [Virchows, Verf.] des großen Werkes von Rokitansky in Wien erschienen, welcher die Haltlosigkeit dieser Richtung nachweist. Darüber ist ein großer Aufruhr ausgebrochen: die einen, besonders die alten Herren von der Universität und der Praxis sind entzückt darüber, während die jüngeren Herren von der Wiener Schule wüthen. Da ergehen nun die widersprechensten Urteile über mich …"* (Rabl M. 1907).

2. Brief an Maria Borstein Es existiert eine Anzahl von Briefen von Felix an seine spätere Frau aus Prag und später aus Greifswald, die noch nicht bearbeitet wurden.

3. Henry Barker stand mit Felix Hoppe in brieflicher Verbindung. Er war nach Rio de Janeiro ausgewandert, und seine Familie lebte dort. Leider ist es nicht gelungen, Barker genau zu identifizieren. Er drängte den 1851 höchst unzufriedenen Hoppe, ihm nach Südamerika zu folgen. Nach seinen Briefen an Felix Hoppe zu urteilen, muss er ein „Schöngeist" oder Dichter gewesen sein (Bauer Klöden Irmela 2014)

4. Felix arbeitete als Assistent am Arbeitshaus (Abb. 4) Rudolf Leubuscher (Pathologe, Neurologe und Psychiater) (Bandorf 1883 „Leubuscher, Rudolf" in: Allgemeine Deutsche Biographie 18:472–473. https://www. deutschebiographie.de/pnd117670081.html#adbcontent) hatte als Student bereits Freundschaft mit Rudolf Virchow 1848/1849 in der Zeit der Revolution geschlossen. Sie gaben gemeinsam mit dem Pathologen Benno Reinhardt die Wochenschrift *Die Medizinische Reform* heraus. Leubuscher war zeitweise Oberarzt des Berliner Arbeitshauses und Leiter des Cholera-lazaretts der Charité. Im Arbeitshaus sollten "Randgruppen", Obdachlose, Vagabunden, Bettler, Prostituierte, zu einem „ordentlichen Leben" erzogen werden. Auch „Geisteskranke" wurden zeitweise in diesen Einrichtungen untergebracht. Die Gegebenheiten in den Arbeitshäusern müssen schrecklich gewesen sein. (Ring Max 1857) Leubuschers Anstrengungen die Zustände in diesen Einrichtungen und insbesondere die Behandlung der „Geisteskranken" zu verändern und zu verbessern, hatten wenig Erfolg. Unmenschliche Verhältnisse entstanden während der NS-Zeit (Irmer 2013). *Die Medizinische Reform* wurde als *Virchows Archive* fortgeführt. Felix Hoppe veröffentlichte in dieser Zeitschrift seine ersten Arbeiten.

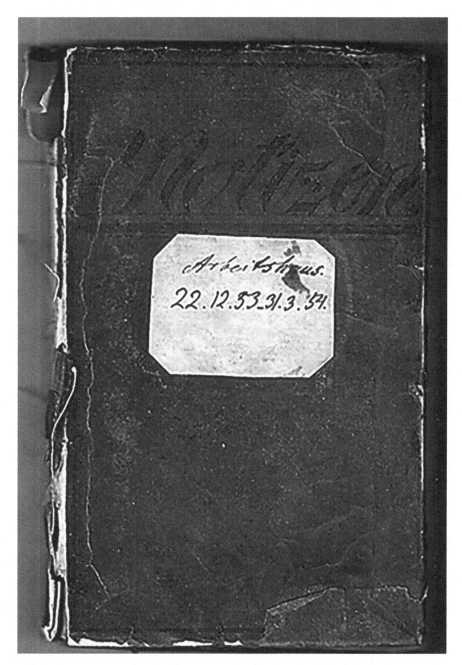

Abb. 4   Eine der zahlreichen Klatten aus dem Arbeitshaus Weidendammbrücke

Literatur

Bandorf (1883) „Leubuscher, Rudolf" in: Allgemeine Deutsche Biographie 18:472–473. https://www.deutschebiographie.de/pnd117670081.html#adbcontent

Barker H (1849–1850) 5 Briefe an F. Hoppe-Seyler UAT 768/16 25. Aug. 1849. – 2. Apr. 1850. – 11. Apr. 1850. – Leipzig 29. Apr. 1850. – 7. Mai 1850

Bauer Klöden I (2014) Universitätsarchiv Tübingen, persönliche Bemerkung

Hoppe F (19. Juni 1851) Brief an Maria Borstein

Irmer T (2013) Zur Geschichte des Arbeitshauses Rummelsburg in der NS-Zeit, Vortrag Deutsches Historisches Museum (12. Juni 2013). w.dhm.de › archiv › ausstellungen › zerstoerte-vielfalt › docs › V...Zur Geschichte des Arbeitshauses Rummelsburg in der NS-Zeit

Rabl Marie. geb. Virchow (1907) Rudolf Virchow, Briefe an seine Eltern 1839–1864, Brief vom 20.09.1846. Wilhelm Engelmann Leipzig, S 114

Ring Max (Das Berliner Arbeitshaus – Wikisource https://de.wikisource.org › wiki › Das_Berliner_Arbeitshaus Im Cache (29.06.2018) – Autor: Max Ring. Illustrator ... aus: Die Gartenlaube, Heft 34, S 464–467. Herausgeber ... Die Gartenlaube (1857) b 464.jpg.

Rokitansky Carl v: Handbuch der pathologischen Anatomie. Braunmüller u. Seidel, Wien – 3 Bände, (1842–1846).

Kapitel 6: Pathologie und Physiologische Chemie – Die Habilitation

Felix' Fähigkeit, gute und hilfsbereite Freunde zu gewinnen, führte zu einer Möglichkeit, doch noch einen Platz an einer Universität zu finden Der Anatom Max Schultze (Anhang 6.1), Prosektor am Institut seines Vaters, Karl August Sigismund Schultze (Anhang 6.2) in Greifswald, wurde 1854 an die Universität Jena berufen. Felix bewarb sich erfolgreich auf die frei gewordene Stelle in Greifswald. Felix Hoppe und Max Schultze, ebenfalls ein Schüler Johannes Peter Müllers, waren Studienfreunde.

Die Möglichkeit, experimentell zu arbeiten, und die Voraussetzungen, junge Mediziner in die Grundlagen wissenschaftlichen Arbeitens einzuführen, stellten sich in Greifswald allerdings als außerordentlich schlecht heraus. Plätze in den von ihm eingerichteten Physiologisch-Chemischen Kursen waren zwar sehr begehrt, allein die räumlichen Gegebenheiten (Abb. 1 und 2) besonders das Verhältnis zu seinem Chef wurden rasch unerträglich. Die Arbeitsbelastung durch Sektionen war sehr hoch. Es zeigte sich früh, dass K. A. S. Schultze Hoppe in keiner Weise unterstützte. Er bemühte sich, die Anstrengungen seines Prosektors, der versuchte, Forschung und Unterricht den Fortschritten der Zeit anzupassen, möglichst zu behindern. Über die eigentlichen Ursachen des Zerwürfnisses kann man nur spekulieren. Hoppe war, obwohl noch Anfänger und nachgeordnet, sehr selbstbewusst, und Schultze, der, vor seiner Berufung nach Greifswald, in Freiburg auch erfolgreich auf dem Gebiet der Physiologie gearbeitet hatte, war persönlich schwierig. Er hatte sich bereits mit anderen Mitgliedern

© Springer-Verlag GmbH Deutschland, ein Teil von Springer Nature 2022
G. Hoppe-Seyler, *Physiologische Chemie. Das Leben Felix Hoppe-Seylers,*
https://doi.org/10.1007/978-3-662-62002-1_6

der Fakultät überworfen (Vöckel 2003, S. 78). Hoppes Habilitation, die trotz des Widerstands seines Vorgesetzten erfolgte wurde schließlich nur durch das entschiedene Eintreten weiterer Mitglieder der Fakultät für den Habilitanden möglich (Anhang 5.3) Felix Hoppes Enkel, Felix Adolf Hoppe-Seyler, ein Schüler Dankwart Ackermanns (Würzburg), der 1934 als der erste Ordinarius für Physiologische Chemie an die Universität Greifswald berufen wurde (R. Walther 2014; W. Steinhausen 1948) schildert anhand der Habilitationsakte Argumente Schultzes (Anhang 6.4) für eine Ablehnung des Habilitationsverfahrens und der beiden Probevorlesungen. In diesem Beitrag zur Feier des 75-jährigen Bestehens des Medizinischen Vereins in Greifswald wird verständlich, wie schwer den „alten" Vertretern der Medizin und Physiologie Mitte des 19. Jahrhunderts das Verständnis für die sich schnell entwickelnden neuen Naturwissenschaften fallen musste. Dass Schultze sich nicht stärker für die Verbesserung der für Lehre und für die experimentelle Physiologische Chemie zu Verfügung stehenden Räumlichkeiten einsetzte, passt zu den unzumutbaren Arbeitsbedingungen in vielen Universitäts- und Privatinstituten, in denen junge Wissenschaftler ihre ersten experimentellen Erfahrungen machten. (Hoppe war zeitweise gemeinsam mit einem Walfischskelett im Kollegienhaus untergebracht.) Der ihm zuletzt zur Verfügung gestellten „Stall" (Abb. 1 und 2) wurde wahrscheinlich nicht mehr benutzt.

Erst sein Enkel Felix Adolf Hoppe-Seyler leitete ein in einem Stockwerk des Physiologischen Instituts gelegenes Physiologisch-Chemisches Institut, das seinen Namen verdiente (Abb. 4 und 3).Felix Hoppes in Greifswald letztlich bewilligten Anträge, ihm zusätzlich Räume im Nebengebäude des Kollegienhauses zu überlassen, nahm der Privatdozent Hoppe nicht mehr in Anspruch. Rudolf Virchow bot ihm eine Assistentenstelle an der Berliner Charité an. Die Habilitationsprüfung muss emotionale Momente geboten haben: Felix Adolf Hoppe-Seyler hat 1938 nach Studium der Habilitationsakte einen ausführlichen „Beitrag zur Feier des 75-jährigen Bestehens des Medizinischen Vereins in Greifswald" über die Habilitationsprüfung verfasst. Seine Ausführungen und diejenigen der Prüfer machen deutlich, wie neben persönlicher Abneigung, die nicht nur zwischen Habilitand und seinem Chef offensichtlich wurde, ganz grundlegende Auffassungen über das Wesen der Naturwissenschaften und Medizin bestanden. Schließlich lehnte Schultze die Habilitationsprüfung als nicht bestanden ab, erstattete ein

Abb. 1   Felix nannte seine Arbeitsstelle „der Stall"

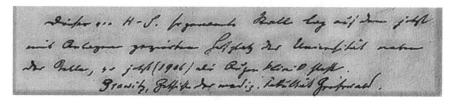

Abb. 2   Vermerk Paul Gravitz zur Zeichnung des Stalls: Dieser von H–S sogenannte Stall lag auf dem jetzt mit Anlagen gezierten Festplatz der Universität nahe der Stelle wo jetzt (1906) die Augenklinik steht Gravitz, Zeitschrift (?) der Universität Greifswald

Sondervotum stufte sowohl die erste (lateinische) Probevorlesung wie auch die Zweite, (deutsch gehaltene) *Vorlesung als nicht genügend ein*, erstattete ein Sondervotum und bemerkte:

*„Der Vortragende habe es versäumt, die Verschiedenheiten des lebendigen Stoff-
wechsels von der leblosen Endosmose hervorzuheben, welch letztere man in neuester
Zeit häufig mit dem Stoffwechsel, um jeden Unterschied zwischen chemischen
Kräften, Lebenstätigkeiten und Seelentätigkeiten zu verwischen, zusammen-
geworfen hat" (vgl. Hoppe-Seyler Felix Adolf 1938).*

Mit den Stimmen der beiden weiteren Prüfer, Heinrich Adolf von
Bardeleben, Chirurgie, und Heinrich Haeser, Theoretische Medizin, die sich
im Verlaufe der Diskussionen heftig mit K. A. S. Schultze auseinandersetzen
mussten, wurde Hoppe in die Fakultät der Universität Greifswald als Privatdozent aufgenommen.

Anhang 6

1. Max Johann Sigismund Schultze war mit Felix Hoppe-(Seyler) und mit
   Theodor Billroth befreundet. Billroth und Schultze hatten die gleiche
   Schule in Greifswald besucht. Beide hatten auch am Physiologischen
   Institut in Berlin gearbeitet. Billroth stammte wie Hoppe aus einem
   Pastorenhaus. Er erwarb sich hohes Ansehen als Chirurg, aber auch
   wissenschaftlich als Pathologe und Physiologe. Billroth schätzte Felix
   Hoppe-Seyler, das geht auszahlreichen Briefen und Telegrammen hervor

Abb. 3 Professor Felix Adolf Hoppe-Seyler(etwa 1935), der das erste Institut für
Physiologische Chemie in Greifswald leitete. (Anhang 3)

Abb. 4 Das Physiologische Institut der Universität Greifswald, (etwa 1935) als Felix A. Hoppe-Seyler im ersten Stock das erste Physiologisch Chemische Institut der Universität Greifswald leitete.

in welchen er später, als Felix Hoppe-Seyler einen Ruf an die Universität Wien erhielt vergebens versuchte, ihn von den Vorteilen der Tätigkeit in Wien zu überzeugen (Kapitel 9: Eine Tischordnung und die Entdeckung des Nukleins).

2. Eingehend wurden die gestörten Beziehungen zwischen K. A. S. Schultze dem Universitätskuratorium und Hoppes Bemühungen, seine Situation zu verbessern, anhand eines ausführlichen Quellenstudiums beschrieben (Vöckel 2003, S. 78, 79) Hoppes Bestreben eine geeignetere Position als Prosektor der Berliner Charité zu erreichen und wieder nach Berlin zu wechseln führte nicht zum Erfolg. Er wurde aber schließlich Assistent des Prosektors und Leiters des Pathologischen Instituts Rudolf Virchow.

3. Zum Gedenken an Felix Adolf Hoppe-Seyler liess die Familie Hoppe-Seyler 1945 unter Berücksichtigung der Umstände nach Ende des Krieges seinen Namen neben dem seines Großvaters Ernst Felix Immanuel Hoppe-Seyler auf dem Familiengrabmal in Wasserburg am Bodensee anbringen.

Literatur

Hoppe-Seyler FA (1938) Die Physiologische Chemie in Greifswald. In: Loeschcke H, Terbrücken A (Hrsg) Terbrücken 100 Jahre Medizinische Forschung in Greifswald. Universitätsverlag Bamberg Greifswald, S 65

Steinhausen W (1948) Memoriam Hoppe-Seyler. Z Physiol Chem 283:1

Vöckel A. (2003) Die Anfänge der physiologischen Chemie. Ernst Felix Immanuel Hoppe-Seyler (1825–1895) S 78, 79. d-nb.info › ...Ernst Felix Immanuel Hoppe-Seyler (17.01.2020)

Walther R (2014) Festschrift „80 Jahre Biochemie in Greifswald. In Beiträge zur Geschichte der Universitätsmedizin Greifswald docplayer.org › 58156339-Beitraege-zur-geschichte-der-universitaets... S 11–14) Wien Braumüller und Seidel

Kapitel 7: Virchows Assistent und die Hochzeit in Berlin

Rudolf Virchow war nach seiner Promotion zunächst sowohl an der Pépinière als auch als abgeordneter Assistent der Pathologie der Charité, als Privatdozent und Prosektor tätig. Er beteiligte sich an der Revolution im März 1848. 1849 verließ der Pathologe Berlin und folgte einem Ruf als Ordinarius an die Universität Würzburg. Hintergrund waren seine Kritik an der Preußischen Regierung und ihrem Vorgehen bei der Fleckfieber Epidemie in Schlesien die zu Anfeindungen geführt hatte. Als 1856 der erste Lehrstuhl für Pathologie an der Berliner Universität eingerichtet und ihm angeboten wurde, kehrte er nach Berlin zurück. Er übernahm erneut die Prosektur und nun das Ordinariat für Pathologische Anatomie.

Der unzufriedene Hoppe (Abb. 1) akzeptierte es erleichtert und dankbar, als Virchow ihm die Stelle des „Ersten Assistenten" anbot. Endlich erhielt er als Leiter der Chemischen Abteilung des Pathologischen Instituts der Charité die Möglichkeit, experimentell zu forschen. Die hohe Zahl an Sektionen die er in Vertretung des Prosektors durchführte erlaubte allerdings anfangs nur nachts und an Feiertagen ungestört zu arbeiten. Virchow, überzeugt von der Bedeutung chemischer Erkenntnisse für die Medizin, sorgte durch Einstellung eines „Zweiten Assistenten" (Baumann E. und Kossel A. 1895, 1896) dafür dass Hoppe weitgehend von der Sektionsarbeit entlastet wurde. Diese nicht selbstverständliche Entscheidung Virchows hatte so wesentlichen Einfluss auf die Entwicklung des Fachs Physiologische Chemie. Zeit seines Lebens hat Rudolf Virchow, manchmal im Verborgenen, als verehrter Lehrer, Förderer und Freund, Felix Hoppe-Seylers Leben bestimmt und begleitet.

Die Zahl der Schüler an der Pathologisch-Chemischen Abteilung des Pathologischen Instituts der Charité nahm schnell zu und für viele Mit-

© Springer-Verlag GmbH Deutschland, ein Teil von Springer Nature 2022
G. Hoppe-Seyler, *Physiologische Chemie. Das Leben Felix Hoppe-Seylers*,
https://doi.org/10.1007/978-3-662-62002-1_7

arbeiter der Abteilung war die Tätigkeit bei Rudolf Virchow und Felix Hoppe(-Seyler) der Beginn ihrer wissenschaftlichen Karriere: Friedrich Daniel von Recklinghausen wurde nach der Berufung Hoppes nach Tübingen sein Nachfolger. Auch in späteren Jahren fand Hoppe(-Seyler) in von Recklinghausen der noch geschickter und durchsetzungsfähiger in Dingen der Universitätspolitik war als er selbst einen zuverlässigen Freund und Berater. Er traf ihn später in Straßburg wieder. Willy Kühne war für eine Zeit (1858) in Hoppes Abteilung tätig und wurde 1861 sein Nachfolger. Seine freundschaftliche Beziehung zu Hoppe (jedenfalls sprach er ihn in seinen Briefen als „lieber Freund" an) (Kühne 1861) entwickelte sich später zur offenen Feindschaft. Er wurde 1871 Nachfolger von Hermann von Helmholtz in Heidelberg. Willy Kühne und seine Mitarbeiter trugen Grundlegendes auf zahlreichen Gebieten der Physiologischen Chemie(und Physiologie) bei. Ernst Leopold Salkowski, blieb viele Jahre Leiter der Pathologisch-Chemischen Abteilung der Charité und stand seit einer Ausbildung in Tübingen (Salkowski Ernst Leopold: 1872–1892) in regelmäßiger Verbindung mit seinem früheren Lehrer. Friedrich Grohé, der als „Zweiter Assistent" vom Prosektor Virchow eingestellt wurde und auch im Chemischen Labor bei Hoppe arbeitete, leitete später die Pathologische Anatomie an der Universität Greifswald.

Die Anziehungskraft der Universität und die Möglichkeit wissenschaftlicher Arbeit waren nicht allein der Grund für Hoppes Bestreben, wieder aus Greifswald nach Berlin zurückzukommen. Auch familiäre Gründe spielten eine Rolle. Sein Bruder Carl, den er bewunderte, nahm Felix für einige Zeit in seiner Familie auf. 1858 heiratete Felix seine Jugendfreundin, die Stieftochter Carl Hoppes, Agnes Marie Franziska Borstein.

Alvine Stier nahm natürlich am Treffen der großen Familie teil und schildert in ihrer Biografie Feier und Trauung:

„Bei Bruder Carl waren wir den Vorabend vor der Hochzeit in seinem schönen Garten …. Nach dem Abendessen wurden dem Brautpaar die Geschenke gebracht, dabei manch schöne Gedichte von [Dr. Georg] Seyler und Amanda. Auch fehlte es nicht an einer komischen Darstellung. Paul Hoppe [Carl Hoppes Sohn, Ingenieur und Nachfolger; (Anhang 7.1)] kam als Krebs rückwärts ins Zimmer gekrochen, sprach auch zum Brautpaar und schenkte ihnen dann eine seiner Scheren, wie er sagte, es war eine Zuckerschere. Die Verkleidung, der rote Krebspanzer, war sehr gut gelungen. Bruder Carl hatte das Ganze sehr hübsch angeordnet. Zur Trauung fuhren wir den anderen Mittag gleich zur Kirche. Seyler traute und sprach sehr schön …. Sehr schön war noch der Abend im Garten, welcher durch bunte Lampen erhellt war. Der schöne Springbrunnen warf dabei seine Strahlen, der

Abb. 1   Felix Hoppe etwa 1860

Himmel war klar, voll Sterne und mit der Sichel des Mondes; vom glatten Dache des Hauses nahm sich das Ganze prachtvoll aus" (Stier Alvine Band 2 1858).

Anhang 7

1. Paul Hoppe: Der Sohn des Firmengründers Carl Hoppe und Neffe Felix Hoppe-Seylers, übernahm nach dem Tode seines Vaters die Firma. Er setzte auch die Konstruktionsarbeiten am längsten Linsenfernrohr der Welt, der „Archenhold'schen Himmelskanone" (Schmeidler 1953), in Treptow fort. Allerdings hat das beeindruckende Ergebnis der beiden Konstrukteure Hoppe nie besondere wissenschaftliche Bedeutung gewonnen. Die Himmelskanone wurde eine Touristenattraktion und ein Denkmal deutscher Ingenieurkunst. Am 29. Dezember 1899 wurde die Fabrik Carl Hoppes durch einen der größten Brände Berlins zerstört. Der Ingenieur Paul Hoppe stieß bei seinen Bemühungen um den Wiederaufbau auf starken Widerstand der Konkurrenz und musste die Firma 1903 aufgeben.

Literatur

Baumann E, Kossel A (1895/1896) Zur Erinnerung an Felix HoppeSeyler. Z Physiol Chem 21:X

Kühne W (Willy) (1861–1865) 6 Briefe an Hoppe-Seyler. UAT 768/221

Salkowski EL (1872–1873, 1875–1883, 1885, 1893): (Briefe an Hoppe-Seyler) UAT 536

Schmeidler F (1953) Archenhold, Simon in: Neue Deutsche Biographie 1, S. 335 (17.1.2020) www.deutsche-biographie.de › sfz1176. Zugegriffen: 19. Jan. 2020

Kapitel 8: Angewandte und insbesondere Medizinische Chemie in Tübingen

1860 erhielt der Privatdozent Felix Hoppe einen Ruf als Nachfolger des jung an Tuberkulose verstorbenen Julius Eugen Schloßberger. Carl von Voit, ursprünglich der Erste der Berufungsliste, hatte abgelehnt. Schloßberger stellte bereits physiologisch-chemische Forschungen an und bot Kurse und Vorlesungen (Hermann und Wankmüller 1980) auf diesem neuen Wissenschaftsgebiet an. Er wird in Tübingen wie Felix Hoppe-Seyler (Abb. 1) als einer der Begründer der Fachs „Physiologische Chemie" angesehen. Beide Wissenschaftler, ehrte die Universität durch das Anbringen von Namenstafeln in dem schönen Hof des Tübinger Schlosses. Das Ordinariat für Angewandte Chemie war nach dem Tode Schloßbergers in ein Extraordinariat zurückverwandelt worden.

Bereits vor Schloßberger arbeitete in einem Hoppe-Seylers Arbeitsbereich benachbarten Bereich des Schlosses Hohentübingen Georg Karl Ludwig Sigwart, an den endlich (seit 2014!) eine neben dem Eingang zu seinem ehemaligen Laboratorium angebrachte Namenstafel erinnert. Sigwart muss wohl als der erste Tübinger Wissenschaftler, der hauptsächlich auf biochemischem Gebiet forschte, angesehen werden. Er verbrachte in Tübingen eine sehr traurige Zeit (Bohley 2009). Es ist unverständlich, warum dieser kenntnisreiche Forscher, Mediziner und Chemiker in Tübingen die Position eines Gehilfen oder Handlangers (Amanuensis) bei dem Pharmazeuten und Chemiker Christian Gottlob Gmelin angetreten hat und in ihr ausharrte, ohne irgendeine Initiative zu ergreifen, außer unterwürfig bei der vorgesetzten Behörde um die Verbesserung der Arbeitsmöglichkeiten, seiner Stellung und vor allem seiner wirtschaftlichen Verhältnisse zu bitten. Felix Hoppe wäre in ähnlicher Lage längst ausgewandert, wie er es wohl vor-

© Springer-Verlag GmbH Deutschland, ein Teil von Springer Nature 2022
G. Hoppe-Seyler, *Physiologische Chemie. Das Leben Felix Hoppe-Seylers*,
https://doi.org/10.1007/978-3-662-62002-1_8

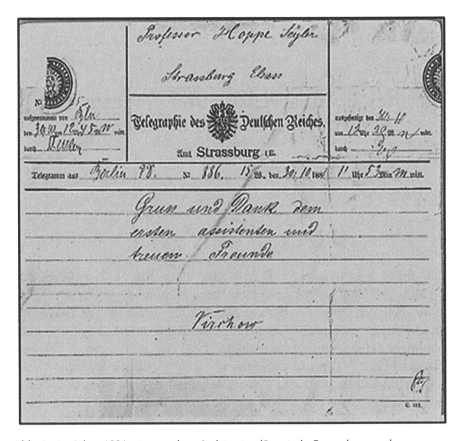

Abb. 1 Im Jahre 1881 war aus dem Assistenten längst ein Freund geworden

hatte, als er keine Anstellung an der Berliner Universität erreichen konnte. (Kapitel 5: Weitere Ausbildung in Prag und Wien. Arzt am Berliner Arbeitshaus und der Cholerabaracke Weidendammstraße) Felix wäre auch nicht in Deutschland geblieben, wenn er nur noch die Alternative gesehen hätte Amerikaner zu werden, um seine Träume zu verwirklichen. Professor Sigwart und seine Frau Luise Friederike waren angesehene Mitglieder der Universität, aber sie waren bescheiden – und das war vielleicht damals keine erfolgreiche Voraussetzung für die Karriere an der Universität Tübingen.

Rudolf Virchow war sicher nicht glücklich damit den Leiter seines pathochemischen Labors und fleißigen Mitarbeiter im Sektionssaal zu verlieren. Er handelte aber vollständig uneigennützig. Als die Fakultät in Tübingen sich für ihn entschieden hatte wurde Felix in Berlin „überraschend" zum Extraordinarius ernannt und sein Gehalt erhöht. Es ist anzunehmen, dass, wie bei vielen Gelegenheiten und Entscheidungen in seiner Laufbahn, der

Rat und die Unterstützung Rudolf Virchows wesentlich geholfen hatten (Abb. 1).

Er schrieb daraufhin an den Kanzler der Universität Karl Friedrich von Gerber und machte deutlich: Um Förderer die sich für ihn in Berlin einsetzten nicht zu kränken, könne er natürlich ohne Verbesserung seiner Position der Berufung nicht folgen. Für einen Privatdozenten wäre auch ein Extraordinariat eigentlich eine Verbesserung gewesen. Aber jetzt sei er gezwungen abzusagen. Der Kanzler der Universität und die Tübinger Fakultät sorgten daraufhin dafür, dass die Stelle des Leiters der Angewandten Chemie wieder in ein Ordinariat umgewandelt wurde.

Friedemann Rex (1997) hat in einem Vortrag auf Hoppes sehr geschickt geführte Verhandlungen, die schließlich zur Einstellung als Ordinarius führten, hingewiesen. Die tatsächlichen Hintergründe der plötzlichen Beförderung in Berlin hat Anja Vöckel (2003, S. 129) dargestellt. Um kurz zusammenzufassen: Hoppe(Seyler) wäre lieber, statt nach Tübingen zu gehen, in Berlin geblieben und einflussreiche Mitglieder der Berliner Universität sahen seinen Weggang als Verlust.

Die plötzliche Ernennung zum Extraordinarius durch die Berliner Fakultät hatte sich natürlich nicht ungünstig für Hoppe(-Seylers) Verhandlungen mit der Universität Tübingen erwiesen. Sie ist aber nicht etwa mit diesem Ziel von Virchow initiiert worden. (Diese Annahme ist später in der Familie Hoppe-Seyler weitergetragen worden.) Die von Anja Vöckel (2003, S. 129) erschlossenen Quellen zeigen, dass Hoppe die Unterstützung einer Reihe von einflussreichen Kollegen bei Bewerbungen um freiwerdende Institute in Berlin hatte, aber da er wusste, dass in Berlin unter dem Einfluss Emil Du Bois-Reymonds und seines Schülers Edward Pflüger die Möglichkeit neben der Physiologie die Physiologische Chemie als gleichberechtigtes Fach einzurichten aussichtslos war entschied er sich für die süddeutsche Universität.

In Tübingen konnte er sich auf die Hilfe Adolph Streckers verlassen. Sein Rat war entscheidend für den Erfolg seiner Verhandlungen mit der Universität. Strecker hatte sich bereits als „Erster Assistent" bei Justus von Liebig hohes Ansehen erworben. Auf dem Spezialgebiet der Organischen Chemie trafen sich seine Interessen mit denen Hoppes. Er war wie dieser ein Vertreter der „neuen" Organischen Chemie. Hoppe war natürlich wie Adolph Strecker mit den Veröffentlichungen Friedrich Wöhlers, Justus von Liebigs und August Kekulés, vertraut und bewunderte wie dieser die Fortschritte auf dem Gebiet der Organischen Chemie die durch die Ergebnisse der Chemiker Jean Baptiste Dumas, Charles Gerhardt und Charles A. Wurtz in Frankreich entstanden waren. Felix schätzte besonders Auguste Laurent

(Baumann und Kossel 1895/1896 S. XII) der gemeinsam mit dem Liebig-Schüler Charles Gerhardt arbeitete und lehrte.

Durch die Verbindung mit dem Ordinarius für Organische Chemie war Felix über die Fakultät in Tübingen, über fehlende Geräte, die zur Verfügung stehenden Mittel und Räumlichkeiten informiert (Baumann und Kossel 1895/1896). In seinen Schreiben an den Kanzler durfte er sich auf Strecker beziehen und Forderungen stellen. Der Kanzler der Universität lehnte allerdings schließlich einige immer zahlreicher und umfangreicher werdende Wünsche Hoppes ab.

Das Schlosslabor (Beck Thomas 2015) befand sich zwar in dunklen, kalten Räumen, aber die Voraussetzungen für physiologisch-chemische Forschungen konnten deutlich verbessert werden. Felix erweiterte das „Institut" durch Einbezug weiterer Küchen- und Wirtschaftsbereiche des Schlosses.

Vorbei war die Zeit Schloßbergers, der dringend benötigte Geräte aus eigenen Mitteln anschaffen musste. Später sprach Friedrich Miescher, als er an das Physiologische Institut in Leipzig zu Carl Ludwig wechselte, von den „gefüllten Fleischtöpfen in Tübingen" (Bohley 2009). Sowohl die Geräteausstattung als auch die baulichen Voraussetzungen für Forschung und Lehre entsprachen schließlich Felix' Vorstellungen.

1863 entschlossen sich die Vertreter der naturwissenschaftlichen Fächer, aus der Philosophischen Fakultät der Universität Tübingen auszuscheiden und eine eigene, naturwissenschaftliche Fakultät zu gründen. Hugo von Mohl (Mägdefrau Karl 1994): Leiter des Botanischen Instituts, ein Mediziner und Physiologe, mit dem Felix ein sehr gutes Verhältnis hatte, setzte sich besonders für die Gründung der neuen Fakultät ein (v. Mohl 1863). „Nach einiger Überlegung", denn für ihn hatte das Ausscheiden aus der Medizinischen Fakultät Nachteile, schloss sich Hoppe den Gründern der ersten deutschen naturwissenschaftlichen Fakultät an (Bohley 2009).

Die kleine alte Universitätsstadt und ihre Umgebung gefielen ihm. Die Schwäbische Alb, ihre interessante Geologie und botanischen Besonderheiten brachten neue Erfahrungen für den begeisterten Wanderer und Naturbeobachter. Eine wesentliche Verschlechterung gegenüber den Bedingungen an der Charité bedeuteten allein die weiten Wege vom Tübinger Schloss zu den Universitätskrankenhäusern. Spontane Besuche bei Kollegen waren schwierig. Ein wenig wurde dieser Nachteil durch enge persönliche Beziehungen zu einigen Mitgliedern der Medizinischen Fakultät ausgeglichen. Der Leiter der Medizinischen Klinik, Felix von Niemeyer, mit dem er schon in Greifswald befreundet war, ein Enkel August Hermann Niemeyers des Direktors der Franckeschen Stiftungen zu Felix Schulzeiten und der Königliche Leib- und Generalarzt Viktor von Bruns, Chef der Chirurgischen Universitätsklinik, versorgten das Schlosslabor mit Untersuchungsmaterial. Paul von Bruns, der Sohn des Chirurgen, promovierte bei Hoppe-Seyler. Er wurde einer der Nachfolger seines Vaters. Die grundlegende Arbeit Friedrich Mieschers „Über die chemische Zusammensetzung der Eiterzellen" (Miescher 1871) wäre vielleicht nicht entstanden, wenn das Ausgangsmaterial, eitrige Verbände aus der Chirurgischen Klinik, nicht zur Verfügung gestanden hätte.

Medizinische Promotionsarbeiten aus dem Schlosslabor erschienen allerdings jetzt unter dem Namen Viktor von Bruns, da die Angewandte und Medizinische Chemie der Medizinischen Fakultät nicht mehr angehörte. Hoppe konnte nur Doktoranden der Naturwissenschaften zur Promotion führen.

Die Namen der Tübinger Schüler oder Mitarbeiter Hoppe-Seylers, beispielsweise Oskar Liebreich (Verwendung des Chloralhydrats als Schlafmittel), Enrico Sertoli (der Entdecker der Tubuli seminiferi) Friedrich Miescher (der Entdecker der Nukleinsäuren im Zellkern) und Eugen Baumann (Jodothyrin) (Kapitel 11: Die drei wichtigsten Mitarbeiter), um nur einige zu nennen, werden mit Entdeckungen verbunden, die für uns heute ganz selbstverständlich sind. (Joseph Fruton 1990, S. 306) stellte die Mitarbeiter der „Hoppe-Seyler Research Group" in Greifswald, Berlin, Tübingen und Straßburg und die von ihnen erreichten beruflichen Positionen zusammen. Die Zahl der später berühmt gewordenen Wissenschaftler ist beeindruckend.

Felix Hoppe(-Seyler) fand für seine geliebte Botanik einen sehr interessierten Gesprächspartner in Hugo von Mohl, der ihn gelegentlich an den botanischen Vorlesungen beteiligte. Von Mohl wird als der Entdecker der Zellteilung betrachtet.

Friedrich August von Quenstedt (Paläologie, Stratigrafie anhand von Fossilien) schenkte Hoppe-Seyler seine Monografie *Epochen der Natur* (Quenstedt 1861; Anhang 8.1) und diskutierte mit ihm geologische Fragen.

Persönliche Beziehungen entstanden aber eher mit Vertretern geisteswissenschaftlicher Fächer. Adolf Michaelis, den Philologen und Leiter des archäologischen Instituts in Tübingen, hatte Felix wahrscheinlich schon in Berlin kennengelernt.

Eine sehr enge Freundschaft entstand zwischen Felix Hoppe-Seyler, Rudolf von Roth und ihren Familien. Von Roth leitete neben seinem Ordinariat für Indologie und Sanskrit als Oberbibliothekar die Universitätsbibliothek. 1877 stellte er Urkunden zur Geschichte der Universität Tübingen (Anhang 8.2) in einem umfangreichen Band (von Roth 1870) zusammen, den er Hoppe-Seyler schenkte. Es ist interessant, wie häufig in den früheren von

Roth zusammengestellten Matrikeln die Studenten aus der unmittelbaren Umgebung und wie selten sie oder ihre Lehrer aus entfernteren Teilen des Reichs stammten.

Von Roths Name ist mit der Gründung der weltberühmten Sanskrit-sammlung der Tübinger Universitätsbibliothek und dem Petersburger Sanskrit-Wörterbuch verbunden. Er wird als Begründer der Veda-Forschung betrachtet. Otto Böhtlingk arbeitete mit Roth an diesem siebenbändigen Werk (Kirfel W. 1955; Leskien August 1879) (Anhang 8.3). Von Roth hatte anfangs Schwierig-keiten, indische Originaldokumente aus England in die Hand zu bekommen. Später war sein Ansehen so gewachsen, dass ihm englische Regierungskreise regelmäßig schwierig zu prüfende Schriften zusandten. Er musste in London unzählige Originaldokumente ohne die heute zur Verfügung stehenden Hilfsmittel handschriftlich kopieren und bearbeiten. Bis zu seiner Berufung als Ordinarius für Sanskrit, litt er unter Zerwürfnissen mit rivalisierenden Tübinger Wissenschaftlern. Zunehmend wuchs aber die Anerkennung seiner Leistungen nicht nur in Deutschland, sondern auch in England und den USA. Er schreibt 1874 an Felix Hoppe-Seyler:

> *„Ich bleibe für die Ferien hier fest. Ich habe langwierige Arbeiten. Handschriften, die ich aus London und Bombay in vielen Fällen von der Regierung zu prüfen habe, nahmen und nehmen mich in Anspruch. Damals vor 29 Jahren musste ich darum nach London reisen, jetzt kommen sie zu mir. Das ist ein angenehmer Fort-schritt"* (von Roth 1874, 7.4.).

Roths zweite Frau Sophie und Marie Hoppe-Seyler unterrichteten sich gegenseitig in ihren Briefen über die Entwicklung ihrer Kinder (Roth Sophie 1874, 8.7) Als Felix in Straßburg arbeitete *und* am Bodensee ein Haus besaß besuchte das Ehepaar Roth mit den Töchtern Anna und Sophie die Familie Hoppe-Seyler häufig während der Ferien in Wasserburg (Kapitel 17: Die Familie, Wasserburg am Bodensee). Einige Briefe des Indologen und zahl-reiche seiner Frau sind erhalten geblieben. Es finden sich aber nur wenige Hinweise auf die Veda-Forschungen oder die Arbeit am Sanskrit-Wörter-buch, dagegen ausführliche Informationen über Gärten, Obstbäume und die Kinder.

1864 adoptierte Georg Seyler Felix und seine Schwester Amanda. Sie erfüllten damit den Wunsch ihres blinden und kranken Pflegevaters und führten den Doppelnamen Hoppe-Seyler. Nach dem Tode Felix Hoppe-Seylers (Urkunde: Schleswig vom 13.06.1895, gez. Zimmermann Regierungs-präsident) wurde Hoppe-Seyler zum sogenannten, („echten") Doppelnamen. In Erinnerung und an den „ersten" Hoppe-Seyler und den hochverehrten

Adoptivvater entstand die Tradition, den ältesten Sohn im Wechsel Georg oder Felix zu taufen (Anhang 8.4). Ob Felix Hoppe-Seyler der Folgen der Änderung des Namens, der sich besser einprägte als es Hoppe bewusst war, ist nur zu vermuten. Hoppe-Seyler war nun leicht zu behalten (Anhang 8.5). Als Autorenname blieb er im Gedächtnis Mit dem Arzt Johann Ignatz Hoppe (Berlin, Bonn, Basel: Philosoph, Psychologe und Mediziner) der in Basel eine Medizinische Klinik leitete und sich einen Ruf als Esoteriker erworben hatte, konnte er jedenfalls nicht mehr verwechselt werden, merkte sein ehemaliger Schüler Immanuel Munk in einem Nachruf auf Hoppe-Seyler an (Munk Immanuel 1895) (vgl. auch Vöckel Anja 2003, S. 8).

Anhang 8

1. Friedrich August Quenstedt: Sein Werk *Epochen der Natur* ist für den Naturwissenschaftler abgefasst und setzt geologisches Wissen voraus. Quenstedt charakterisiert als einer der Ersten geognostische Formationen anhand nachweisbarer Fossilien. Bewundernswert sind die zahlreichen illustrierenden Holzschnitte. Selbstverständlich standen in Hoppe-Seylers Bücherregal neben dem „Quenstedt" das *Lehrbuch der Geognosie* von Carl Friedrich Naumann, Leipzig (Naumann 1858), weitere Lehr- und Handbücher der Geologie und mehrere Bände der *Mikroskopischen Physiographie der Gesteine* (Rosenbusch 1873). Zahlreiche Lehr- und Handbücher der Botanik und der „Blumengärtnerei" ergänzten später die umfangreichen Listen der eigenen Anpflanzungen. Charles Darwins *„The Effects of Cross and Self Fertilisation in the Vegetable Kingdom"* fehlte nicht. Felix begriff bereits als Kind seine geologischen und botanischen Exkursionen nicht als Hobby, sondern als Teil seiner Naturforschung.

2. „Urkunden zur Geschichte der Universität Tübingen" (1877): Das Fehlen eines Kommentars bedauert Rudolf von Roth:

   > „... *und welche als eine Quelle vielen Wissenswerthen der Herausgeber gerne mit einem eigentlichen Commentar begleitet hätte, wären ihm dazu so viele Jahre vergönnt gewesen, als er Monate zu verwenden hatte"* [Unterschrift: R. als einziger Hinweis auf den Autor des Werkes] (Roth von 1870).

3. Von Roths Beitrag zu diesem (sogenannten Petersburger) Wörterbuch machte ihn bekannt. Auch hier gibt es eine Verbindung zu Rudolf Virchow. Einer der Kritiker von Roths und Konkurrent auf dem Gebiet der Indologie war Theodor Goldstücker, der, mit Virchow eng befreundet

(Andree Ch. 2002 Goldstücker Theodor S. 61); mit Rudolf Virchow an der Revolution 1848/1849 teilgenommen hatte.

4. Die Tradition der Familie Hoppe-Seyler, den ältesten Sohn jeder Generation abwechselnd auf den Namen Georg oder Felix zu taufen, (Abb. 2) stammt von Georg Karl Felix Hoppe-Seyler, der in Dankbarkeit an Felix und dessen Adoptivvater erinnern wollte. Sie sollten, auch das war festgelegt, nach dem Medizinstudium ihre Ausbildung in einem naturwissenschaftlichen Fach beginnen und dann entscheiden können, ob ihre Neigung der Klinischen Medizin oder der Grundlagenwissenschaft gelten würde. Der Wunsch, Medizin zu studieren, wurde als selbstverständlich angesehen. In jeder Generation wählten außerdem zusätzlich weitere Kinder einen ärztlichen Beruf. (So wurden drei Kinder des Kieler Internisten Georg Karl Felix Ärzte: Felix, Eckhard und Hedwig zwei Söhne des Physiologischen Chemikers Felix Adolf Internisten: Georg und Peter Hoppe-Seyler, (Chefarzt der Inneren Abteilung des Helios Krankenhaus Müllheim, nach 2005 Internist Badenweiler) und ein Sohn Eckhards Hoppe-Seylers Internist.) Die seit der Reformation bestehende theologische Tradition der Familie Hoppe endete, im 19. Jahrhundert.

5. Hoppe-Seyler: Ein bekannter Name ist für die Nachfahren mitunter ein Problem und insbesondere in Prüfungen nicht unbedingt ein Vorteil. Gelegentlich war er aber auch hilfreich: Als meine Mutter, Ärztin und ausgerüstet mit einer Armbinde des Roten Kreuzes, 1945 illegal die streng bewachte sogenannte „Grüne Grenze" zur Russischen Zone auf dem Weg vom Bodensee nach Greifswald überquerte und natürlich umgehend von russischen Soldaten erwischt wurde, änderte sich die Behandlung schlagartig, als einer der Militärärzte ihren Namen hörte. Man half ihr bei der weiteren Reise. Es fiel immer wieder der Name [Sergei Petrowitsch] „Botkin", und sie hat erst später erfahren, dass es sich um den Namen

Abb. 2 Namenstradition: **a** Ernst Felix Immanuel Hoppe-Seyler, Physiologische Chemie, **b** Karl Georg Felix Hoppe-Seyler, Internist, **c** Felix Adolf Hoppe-Seyler, Physiologische Chemie, **d** Georg Paul Felix Hoppe-Seyler, Internist, **e** Felix Paul Günther Hoppe-Seyler, Tumorvirologie

eines berühmten Internisten und Physiologen, Leibarzt der Zaren Alexander II. und Alexander III., handelte. Seine Denkmäler stehen in vielen Städten Russlands oder der Ukraine, St. Petersburg, Jalta etc. Er gilt als Begründer des russischen Medizinalwesens und war 1857 in Berlin bei Hoppe-(Seyler), studierte bei dem Internisten Ernst von Leyden und bei Carl Ludwig in Leipzig. Ivan Pavlow wurde von ihm ausgebildet. Sein Sohn Jewgeni Sergejewitsch, Leibarzt von Nikolaus II., kam mit der Zarenfamilie in Jekaterinburg um.

Literatur

Andree C (2002) Rudolf Virchow. Leben und Ethos eines großen Arztes. S.61 Langen Müller. https://www.perlentaucher.de › buch › christian-andree › rudolf-virchow

Baumann E, Kossel A (1895/1896) Zur Erinnerung an Felix Hoppe-Seyler. Z Physiol Chem 21:[108ff] I–LXI

Beck T (2015) Schloßlabor Tübingen – MUT Tübinge. www.unimuseum.uni-tuebingen.de › ausstellungen › schlosslabor. Zugegriffen: 27. Apr. 2020

Bohley P (2009) Das Schlosslabor in der Küche von Hohentübingen, Wiege der Biochemie S 8–22. Der faire Kaufladen (Bruno Gebhardt-Pietsch)

Fruton JS (1990 Contrasts in Scientific Stile, S 306) Am Philos Soc Philadelphia S. Contrasts in scientific style: research groups in the chemical and biochemical sciences. Zugegriffen: 11. Jan. 2020

Hermann A, Wankmüller A (1980) Felix Hoppe-Seyler. In: Wolf von Engelhardt Tübingen (Hrsg) Physik, Physiologische Chemie und Pharmazie an der Universität Tübingen. Mohr, Tübingen S 8

Jewgeni Sergejewitsch Botkin (2019) In: Wikipedia, Die freie Enzyklopädie. Bearbeitungsstand: 2. Juni 2019, 08:26 UTC. https://de.wikipedia.org/wiki/Jewgeni_Sergejewitsch_Botkin. Zugegriffen: 17. Juni 2020, 14:54 UTC

Kirfel W, Böhtlingk O von (1955) Neue Deutsche Biographie 2, S 396–397. https://www.deutsche-biographie.de/sfz5031.html?language=en. Zugegriffen: 18. Febr. 2020

Leskien August (1879) „Goldstücker, Theodor". In: Allgemeine Deutsche Biographie 9:341. https://www.deutschebiographie.de/pnd116760370.html#adbcontent. Zugegriffen: 18. Febr. 2020

Miescher F (1871) Ueber die chemische Zusammensetzung der Eiterzellen. Med Chem Untersuchungen 4:441

Mohl Hv (württembergischer Personaladel 1843) In Neue Deutsche Biographie 17 690–691. https://www.deutsche-biographie.de › pnd118830538. Zugegriffen: 18. Febr. 2020

Mohl Hv (1863) Rede gehalten bei der Eröffnung der naturwissenschaftlichen. Facultät der Universität Tübingen 1863, S 26 (Sonderdruck)

Munk I (1895) Dtsch. Med. Wschr. 34 Nachruf auf Felix Hoppe-Seyler S 563 (Sonderdruck)

Naumann CF (1858) Lehrbuch der Geognosie, 2 Bände. Wilhelm Engelmann Leipzig, Tübingen Laupsche Buchhandlung

Quenstedt August (1861) Epochen der Natur H. Laupp'sche Buchhandlung Tübingen

Rex F (1997) Zur Erinnerung an Felix Hoppe-Seyler, Lothar Meyer und Walter Hueckel. In Bausteine zur Tübinger Universitätsgeschichte (Tübingen) (1997) 8:103–130

Rosenbusch H (1873) Mikroskopische Physiographie der petrographisch wichtigen Mineralien, Bd 3. Schweizerbartsche Verlagshandlung (E. Koch)

Roth Rv (7. April 1874) Brief an Felix Hoppe-Seyler

Roth Rv (1870) Urkunden zur Geschichte der Universität Tübingen. Laupp' sche Buchhandlung, Tübingen

Roth S (8. Juli 1874) Brief an Maria Hoppe-Seyler

Sergei Petrowitsch Botkin (2019) https://de.wikipedia.org/wiki/Sergei_Petrowitsch_Botkin. Zugegriffen: 5. Nov. 2019, 15:30 UTC

Vöckel A (2003) Die Anfänge der physiologischen Chemie, Ernst Felix Immanuel Hoppe-Seyler (1825–1895). S 129 88. d-nb.info ›.Ernst Felix Immanuel Hoppe-Seyler

Kapitel 9: Eine Tischordnung und die Entdeckung des Nukleins

Felix traf in Tübingen auf eine sehr lebendige Universität. Greift man ganz willkürlich einige Namen heraus, so stößt man immer wieder auf Persönlichkeiten, die Wissenschaftsgebiete begründeten oder maßgeblich beeinflussten. Ein Beispiel ist die von Hoppe-Seyler etwa 1868 auf der Rückseite eines Briefes skizzierte Tischordnung. (Abb. 1) (Anhang 9.1) Sie galt für einen „Tübinger Tisch" im Rahmen eines Zusammentreffens von verschiedensten Fachvertretern der Universität. (Das genaue Datum ist nicht bekannt) Die Zusammensetzung der Teilnehmer unterstreicht, welche Anziehungskraft die ursprünglich vor allem regional bedeutende Universität Tübingen (Roth Rudolf von 1870); (Kapitel 8: Angewandte und insbesondere Medizinische Chemie in Tübingen) gewonnen hatte. Jeder verzeichnete Name steht für einen berühmten Vertreter seines Faches. Adolph Strecker nahm mit seiner Frau Lina teil. Julius Eugen Schloßberger hatte unter der Feindseligkeit des universitätspolitisch sehr mächtigen Chemikers und Pharmazeuten Christian Gottlob Gmelin gelitten (Bohley 2009). Gmelins Nachfolger Adolph Strecker und der Physiologische Chemiker auf dem Lehrstuhl für Angewandte und Medizinische Chemie Hoppe-Seyler hingegen schätzten sich. Sie lasen abwechselnd die Vorlesungen für Organische und Anorganische Chemie. Strecker folgte 1869 als Nachfolger Joseph von Scherers dem Ruf an die Universität Würzburg. Rudolph Fittig, der ihm nachfolgte, ein Schüler Friedrich Wöhlers, setzte das gute Verhältnis mit der Angewandten und Medizinischen Chemie fort.

Weitere Teilnehmer an der geplanten Runde waren Heinrich von Weber, Agrarökonom, mit seiner Frau Mathilde (Weber Wikipedia), der „Wohltäterin der Stadt", Sozialreformerin und Kämpferin für das Frauenstudium,

© Springer-Verlag GmbH Deutschland, ein Teil von Springer Nature 2022
G. Hoppe-Seyler, *Physiologische Chemie. Das Leben Felix Hoppe-Seylers*,
https://doi.org/10.1007/978-3-662-62002-1_9

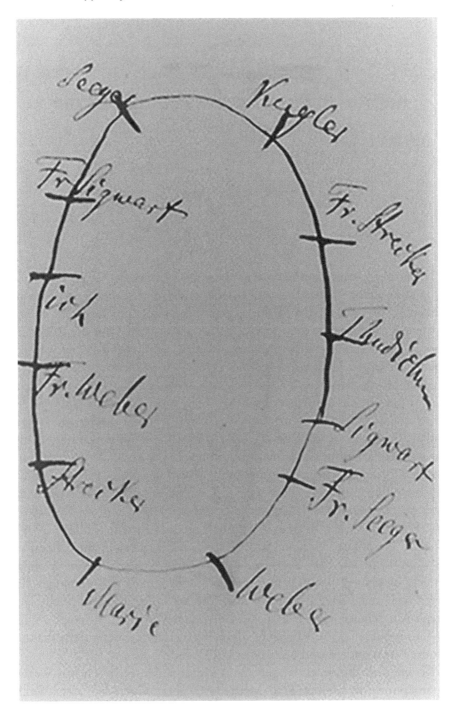

Abb. 1   Von Felix Hoppe-Seyler geplante Tischordnung

und Karl Hermann Friedrich von Seeger, ein Jurist (Strafrecht) mit seiner Frau. Das Spezialgebiet des Historikers Bernhard von Kugler war die Geschichte der Kreuzzüge.

Vermutlich handelt es sich bei [Wilhelm Wolfgang] Thudichum um den berühmten Juristen. Sein Bruder Johann Ludwig Wilhelm der in London lebte, wird als Begründer der Lipoidchemie und der Biochemie des Gehirns angesehen. (Lindner 1979), Auf die Auseinandersetzungen um das „mystische" Protagon (Kapitel 14: Diskussionen), das Oskar Liebreich isolierte und kristallin zu erhalten schien und dessen Existenz von Ludwig Thudichum ad absurdum geführt wurde, soll hier nicht eingegangen werden. Christoph von Sigwart war ein hoch angesehener Theologe und Philosoph.

Wie schon in Greifswald und in Berlin zogen das neue Fach „Physiologische Chemie" und der Ruf Hoppe-Seylers als engagierter Lehrer zahlreiche Schüler an, die zum Teil ihre ersten Erfahrungen in der experimentellen Forschung erwarben.

Als der wohl bedeutendste Wissenschaftler aus dem Schlosslaboratorium in Tübingen gilt Friedrich Miescher. Er entdeckte das Nuklein (Miescher 1897) und so den ersten Hinweis auf das Vorkommen der Nukleinsäuren. Miescher war von seinem Onkel und engem Freund, dem Anatom und Physiologen in Basel Wilhelm His, geraten worden, die Zelle und den Zellkern zum Forschungsthema zu wählen. His war der Meinung, *„dass die letzten Fragen der Gewebsentwicklung auf chemischem Boden zu lösen sind"* (Miescher 1897, S. 7). Miescher hatte sich, nachdem er kurze Zeit bei Friedrich Wöhler in Göttingen gearbeitet hatte, bei Adolph Strecker in Tübingen chemisch-experimentelle Erfahrungen erworben. Er brachte daher, als er in dem von Hoppe-Seyler geleiteten Schlosslabor zu forschen begann, sowohl das Thema als auch die notwendigen Untersuchungstechniken der Organischen Chemie und, als Wichtigstes, einen durchdachten Untersuchungsplan mit. Ausführliche Darstellungen finden sich bei Peter Bohley (2009) und Ralf Dahm (2004a, b, 2008).

Das Untersuchungsmaterial besorgte ihm Hoppe-Seyler von Victor von Bruns: Verbände infizierter, eiternder Wunden aus der chirurgischen Universitätsklinik. Die Wahl der Pepsinverdauung (Anhang 9.2) zur Gewinnung von Zellkernen der weißen Blutkörperchen war ein genialer Einfall Mieschers.

Mieschers Höflichkeit und Bescheidenheit, mit denen er versuchte, Hoppe-Seyler für eine rasche Publikation seiner Ergebnisse in den *Medizinisch*

Chemischen Untersuchungen (den Vorgängern der *Zeitschrift für Physiologische Chemie*) zu gewinnen, sind erstaunlich. Für seine Habilitation und die Bewerbung um den Physiologie-Lehrstuhl seines Onkels an der Universität Basel war eine rechtzeitige Veröffentlichung wichtig. Hoppe-Seyler hielt jedoch die Ergebnisse Mieschers für so bedeutend, dass er sie erst durch eigene Untersuchungen kontrollierte und die Veröffentlichung lange zurückhielt. Wilhelm His publizierte nach dem Tode Mieschers den vollständigen Briefwechsel (Miescher Friedrich) seines Neffen mit Hoppe-Seyler. Nur vorsichtig, aber doch sehr deutlich, kommen die Ungeduld und der verständliche Ärger der beiden Wissenschaftler über das Verzögern der Publikation durch den Herausgeber der *Zeitschrift für Physiologische Chemie* in den Schreiben und Kommentaren zum Ausdruck.

Friedrich Miescher kann nicht als Schüler oder Assistent Hoppe-Seylers betrachtet werden. Gewöhnlich bestimmte Hoppe-Seyler ein Thema. Ein Mitarbeiter bearbeitete es und wurde dabei durch mehrmalige tägliche Besuche Hoppe-Seylers unterstützt. Die Ergebnisse publizierte er in der Regel unter dem Namen seines Mitarbeiters. In fast allen Publikationen dankte dieser aber seinem Lehrer für Thema und Anleitung. Üblich waren Bemerkungen wie:… *„halte ich es für eine angenehme Pflicht, Herrn Professor Hoppe-Seyler in Tübingen … für seine freundliche Anleitung meinen besten Dank zu sagen.“* Oder: *„Aufgefordert durch Herrn Professor Hoppe-Seyler…“*

Miescher dankt dagegen für die Einführung in die Physiologische Chemie, für Anregungen, seinen Rat und seine freundliche Unterstützung. Seine Einschätzung des Wissenschaftlers Hoppe-Seyler findet sich ebenfalls in der Zusammenfassung seiner Forschungen durch Wilhelm His. Aus einem Brief an seinen Onkel vom 26. Juni 1869 geht hervor, dass Friedrich Miescher Hoppe-Seylers Leistungen weniger in seiner Tätigkeit als Forscher als in seiner Lehrtätigkeit sieht. Er hebt zwar den Überblick Hoppe-Seylers über die Grundlagen der Physiologischen Chemie hervor, schließt aber seine Beurteilung mit dem Satz:

„Und so ist der Mann gerade durch seinen Einfluss auf seine Schüler von großer Bedeutung, obschon er an fundamentalen Leistungen nicht auffallend produktiv ist, vielleicht zum Teil gerade deshalb weil er seinen Schülern sehr viel Zeit widmet, aber auch aus anderen Gründen, die ich später einmal erörtern werde“ (Miescher 1897, S. 9–10).

Hoppe-Seyler riet später Albrecht Kossel, dessen Forschungsergebnisse Miescher in seinen Briefen diskutiert, das Nuklein weiter zu untersuchen. Beide haben Friedrich Miescher sehr geschätzt und bei Prioritätsfragen eingegriffen: 1881 wagte es Adolf Schmidt-Mülheim, der über Eiweiße forschte, im *Biologischen Zentralblatt* anzudeuten, dass das Nuklein von Georg Meissner und nicht von Miescher entdeckt worden sei. Alfred Kossel (Kossel A. 1881 Briefentwurf vom 7.11.) (Abb. 9.2a und 9.2b) und Felix Hoppe-Seyler. (Hoppe-Seyler F. 1881 Briefentwurf vom 13.11.) schrieben umgehend an den Herausgeber Julius Isidor Rosenthal und verlangten sehr energisch eine Richtigstellung. Es schloss sich ein Briefwechsel (Rosenthal 1872) mit dem Herausgeber des *Biologischen Zentralblattes* an, der deutlich erkennen lässt, dass Hoppe-Seyler sich seiner Autorität wohl bewusst war.

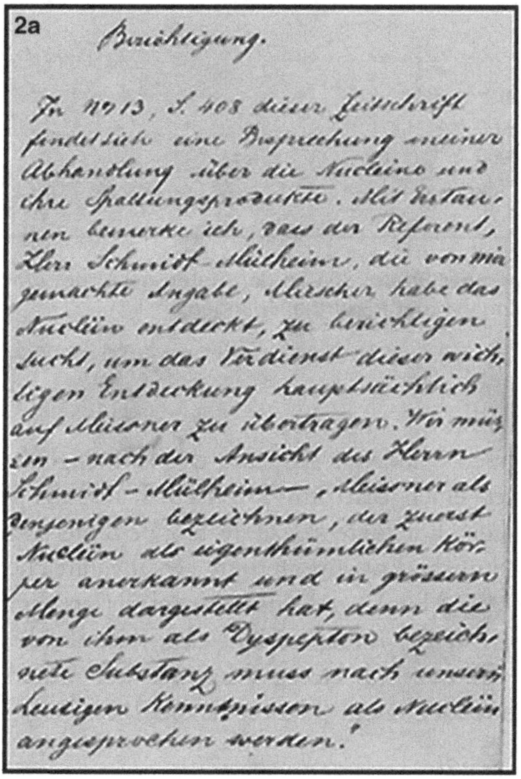
2a

Berichtigung.

In No 13, S. 408 dieser Zeitschrift findet sich eine Besprechung meiner Abhandlung über die Nucleine und ihre Spaltungsprodukte. Mit Erstaunen bemerke ich, dass der Referent, Herr Schmidt-Mülheim, die von mir gemachte Angabe, Miescher habe das Nuclein entdeckt, zu berichtigen sucht, um das Verdienst dieser wichtigen Entdeckung hauptsächlich auf Meissner zu übertragen. Wir müssen – nach der Ansicht des Herrn Schmidt-Mülheim –, Meissner als denjenigen bezeichnen, der zuerst Nuclein als eigenthümlichen Körper anerkannt und in grösserer Menge dargestellt hat, denn die von ihm als Dyspepton bezeichnete Substanz muss nach unseren heutigen Kenntnissen als Nuclein angesprochen werden.'

Abb. 2a Albrecht Kossel schreibt an den Herausgeber des *Biologischen Zentralblattes,* den Physiologen Isidor Rosenthal Erlangen

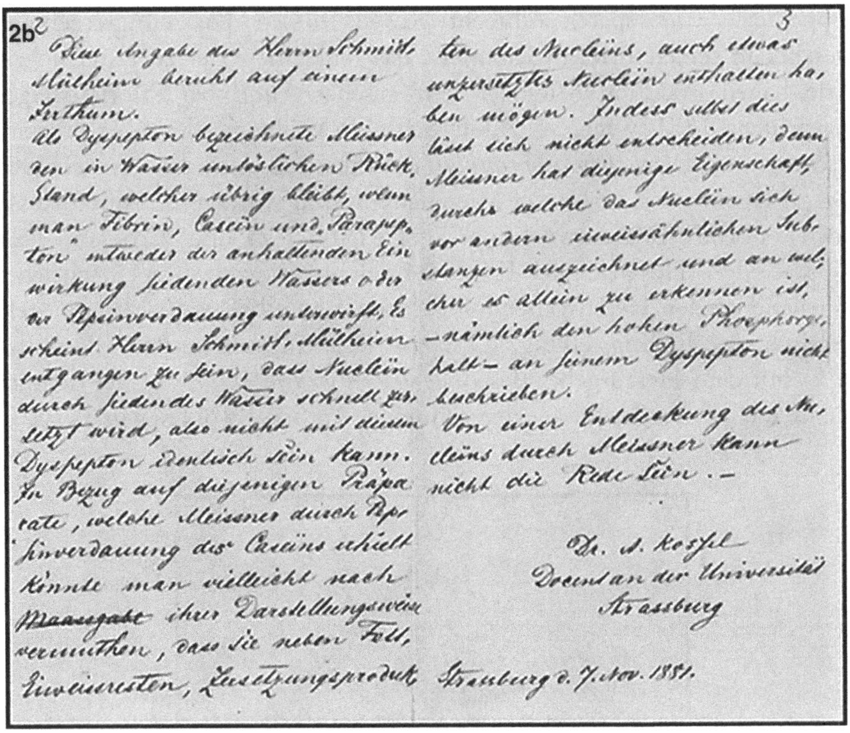

2b

2

Diese Angabe des Herrn Schmidt-Mülheim beruht auf einem Irrthum.
Als Dyspepton bezeichnete Meissner den in Wasser unlöslichen Rückstand, welcher übrig bleibt, wenn man Fibrin, Caseïn und Parapepton entweder der anhaltenden Einwirkung siedenden Wassers oder der Pepsinverdauung unterwirft. Es scheint Herrn Schmidt-Mülheim entgangen zu sein, dass Nucleïn durch siedendes Wasser schnell zersetzt wird, also nicht mit diesem Dyspepton identisch sein kann. In Bezug auf diejenigen Präparate, welche Meissner durch Pepsinverdauung des Caseïns erhielt könnte man vielleicht nach ~~Maassgabe~~ ihrer Darstellungsweise vermuthen, dass sie neben Fett, Eiweissresten, Zersetzungsprodukten

3

des Nucleïns, auch etwas unzersetztes Nucleïn enthalten haben mögen. Indess selbst dies lässt sich nicht entscheiden, denn Meissner hat diejenige Eigenschaft, durch welche das Nucleïn sich vor andern eiweissähnlichen Substanzen auszeichnet und an welcher es allein zu erkennen ist, – nämlich den hohen Phosphorgehalt – an seinem Dyspepton nicht beschrieben.
Von einer Entdeckung des Nucleïns durch Meissner kann nicht die Rede sein. –

Dr. A. Kossel
Docent an der Universität
Strassburg

Strassburg d. 7. Nov. 1881.

Abb. 2b Fortsetzung des Briefes 30a an den Herausgeber des *Biologischen Zentralblattes,* den Physiologen Isidor Rosenthal Erlangen

Anhang 9

1. Severin Domenico, Modena, Professor der Pathologischen Anatomie in Modena, schrieb einen Brief am 27.04.1868 an Felix Hoppe-Seyler in Tübingen, Auf der Rückseite skizzierte Hoppe-Seyler den Entwurf einer Sitzordnung. Ähnliche Entwürfe fertigte er vor zahlreichen weiteren, von ihm häufig mit Otto Funke gemeinsam organisierten Veranstaltungen an.
2. Miescher Friedrich, Pepsinpräparation: eine Technik, die unter anderem schon Willy Kühne und Georg Meissner bei Untersuchungen von Proteinen angewendet hatten (Hammarsten 1910).

Literatur

Bohley P (2009) Das Schlosslabor in der Küche von Hohentübingen, Wiege der Biochemie. S 8–22. Der faire Kaufladen (Bruno Gebhardt-Pietsch)

Dahm R (2004a) Das Molekül aus der Schlossküche Max Plank Forschung 1:50–55. www.sciencedirect.com › science › article › pii Friedrich Miescher and the discovery of DNA – ScienceDirect (Sonderdruck)

Dahm R (2004b) Friedrich Miescher and the discovery of DNA. Dev Biol 278:274–288. www.sciencedirect.com › science › article › pii Friedrich Miescher and the discovery of DNA (Sonderdruck)

Dahm R (2008) Discovering DNA Friedrich Miescher and the early years of nucleid acid research. Hum Genet 122:565–581 www.ncbi.nlm.nih.gov › pubmed Discovering DNA: Friedrich Miescher and the early years of …(Sonderdruck)

Hammarsten O (1910) Lehrbuch der Physiologischen Chemie, 7. Aufl. Bergmann, Wiesbaden, S 443

Kossel A (7. Nov. 1881) Entwurf einer Richtigstellung UAT 768/275 und Hoppe-Seyler F. (1881 13,11.) Handschriftlicher Entwurf eines Schreibens an Julius Isidor Rosenthal UAT 768/334

Lindner E (1979) Thudichum L. Gießener Universitätsblätter 63–67. geb.uni-giessen.de/geb/volltexte/2013/9845

Ludwig Johann Wilhelm Thudichum der „Biochemiker des. https://de.wikipedia. org/wiki/Ludwig_Thudichum. Zugegriffen: 4. Okt. 2000

Mathilde W (Frauenrechtlerin) – Wikipedia https://de.wikipedia.org/wiki/ Mathilde_Weber

Miescher F (1897) Die histochemischen und physiologischen Arbeiten von Friedrich Miescher Bd 1 herausgegeben von seinen Freunden. (1897) F. C. W. Vogel, Leipzig. https://archive.org/stream/b21716353/b21716353_djvu.txt

Miescher F. UAT 768//275: 13 (Originale) der von Wilhelm His veröffentlichten Briefe von Friedrich Miescher an Hoppe-Seyler 1870, 1872, 1874, 1876–1877, 1885, 2003

Rosenthal JI (1. Jan. 1872. 21. Jan. 1872. 7. Febr. 1872. 10 .März 1872). UAT 768/334

Roth Rv (1870) Urkunden zur Geschichte der Universität Tübingen. Laupp'sche Buchhandlung Tübingen uni-tuebingen.de › einrichtungen › universitaetsbibliothek

Kapitel 10: Ein neues Fach an einer jungen Universität

Hoppe-Seyler erhielt 1870 einen Ruf auf den Lehrstuhl für Physiologische Chemie an der Kaiser-Wilhelms-Universität in Straßburg. Die Entscheidung, das ihm lieb gewordene Tübingen und seine Freunde verlassen zu müssen fiel ihm schwer Die Möglichkeit Planungen für den Bau eines neuen, „modernen" Instituts mit entsprechenden Laboratorien und die Gründung des Fachbereichs Physiologische Chemie an der entstehenden Kaiser Wilhelms Universität selbst in die Hand zu nehmen aber gaben den Ausschlag für seine Entscheidung die Berufung anzunehmen.

Er hatte eher auf eine Berufung an die Berliner Universität als Vertreter der Physiologischen Chemie gehofft. In Anbetracht der mächtigen Opponenten gegen die Einrichtung eines von der Physiologie getrennten selbstständigen neuen Fachs musste er diesen Wunsch für unerfüllbar halten.

Straßburg war in jeder Hinsicht eine große Herausforderung. Die deutsche Reichsregierung wünschte eine moderne, besonders leistungsfähige Universität und die finanziellen Bedingungen waren besser als an den älteren deutschen Hochschulen. Bis zur Gründung 1872 stand Franz Freiherr von Roggenbach dem Universitätskuratorium vor. Der mächtige, durchsetzungsfähige preußische Kulturpolitiker Friedrich Theodor Althoff (Schnabel (1953 Althoff. Friedrich Theodor) sorgte für optimale Arbeitsbedingungen. Althoff entschied nicht nur in Straßburg über Berufungen, Vergabe von Mitteln und die Gründung von naturwissenschaftlichen Gesellschaften. Er bereitete zum Beispiel auch die Berufung von Emil Adolf Behring als Nachfolger von Albrecht Kossel (Kapitel 11: Die drei wichtigsten Mitarbeiter) auf den Lehrstuhl für Hygiene in Marburg vor. Häufig verschaffte er sich

© Springer-Verlag GmbH Deutschland, ein Teil von Springer Nature 2022
G. Hoppe-Seyler, *Physiologische Chemie. Das Leben Felix Hoppe-Seylers,*
https://doi.org/10.1007/978-3-662-62002-1_10

Informationen als anonymer Teilnehmer an Lehrveranstaltungen und Vorträgen, um sich selbst ein Bild über Bewerber zu machen. (Zwei Briefe Althoffs an Felix Hoppe-Seyler aus den Jahren 1871 und 1872 befinden sich im Archiv der Universität Tübingen. Zwei weitere aus 1880 sind möglicherweise verlorengegangen).

Patriotische Motive haben für Hoppe-Seyler sicher weniger eine Rolle für den Wechsel an die Universität Straßburg gespielt. Anziehend war für ihn vielmehr die Möglichkeit, Planungen für das neue Institut und eigene Ideen umzusetzen. Mit der Kaiser-Wilhelms-Universität im „Reichsland" Elsass-Lothringen sollte eine Vorzeigeeinrichtung entstehen. Bereits 1873 wurde Felix Hoppe-Seyler zum dritten Rektor der Straßburger Universität gewählt.

Das Bürgerspital (Abb. 1) lag günstig in der Nähe der entstehenden theoretischen Institute. Er arbeitete allerdings zwölf Jahre in der alten Faculté de Médecine, bis 1882 mit dem Bau des Physiologisch-Chemischen Instituts nach seinen Vorstellungen begonnen werden konnte. Am 18.02.1884 fand die Einweihungsfeier (Hoppe-Seyler 1884) statt. Straßburg

Abb. 1 Das Bürgerspital in Straßburg. (Reproduktionen in Mezzo Tinto, Paul Wolf Verlag, Otto Rasch Straßburg (ohne Datum))

Strassburg i. E., Mai 1885.

Hochgeehrter Herr!

Die 58. Versammlung deutscher Naturforscher und Aerzte wird in diesem Jahre vom 17. bis 22. September in Strassburg tagen.

Unterzeichnete haben es übernommen, für die Section der

Physiologie

die vorbereitenden Schritte zu thun.

Um den Sitzungen unserer Section recht zahlreichen Besuch und gediegenen Inhalt zu sichern, beehren wir uns, Sie zur Theilnahme freundlichst einzuladen. Falls Sie beabsichtigen, in der Section Vorträge zu halten oder sonstige Mittheilungen zu machen, so würden Sie uns durch rechtzeitige Anzeige hiervon sehr verbinden. Die Geschäftsführer gedenken Mitte Juni das allgemeine Einladungsschreiben zu versenden und es wäre wünschenswerth schon in diesem das Programm der Sectionssitzungen wenigstens theilweise veröffentlichen zu können.

Hoppe-Seyler.   Goltz.

Abb. 2 Einladung zur 58. Versammlung Deutscher Naturforscher und Ärzte

besaß damit das erste deutsche Universitätsinstitut für Physiologische Chemie.

Die Entwicklung besonders der naturwissenschaftlichen Fächer schritt in Straßburg rasch fort. Oswald Schmiedeberg Bäumer B. 2007, der die Grundlagen der experimentellen Pharmakologie entwickelte, aber auch auf physiologisch-chemischem Gebiet arbeitete, leitete das Pharmakologische Institut. Nicht selten waren seine Mitarbeiter auch im Physiologisch-Chemischen Institut oder nacheinander an beiden Instituten tätig. Der wie Felix Hoppe-Seyler 1870 an die Universität Straßburg berufene Kliniker Ernst von Leyden war 1876 nach Berlin zurückgekehrt Adolf Kussmaul und sein Nachfolger Bernhard Naunyn vertraten die Universitätsmedizin. Josef von Mering, der mit dem Lieblingsschüler Naunyns, Oskar Minkowski, den Pankreasdiabetes entdeckte und beschrieb, war ein Doktorand Hoppe-Seylers, Schüler Schmiedebergs und des Physiologen Friedrich Leopold Golz. Wilhelm von Waldeyer-Hartz leitete die Anatomie und der Freund und ehemalige Mitarbeiter Hoppe-Seylers, sein Nachfolger an der Berliner Charité, Friedrich von Recklinghausen, (Recklinghausen Friedrich Briefe 1868–1894), die Patholgische Anatomie. Er war jahrelang Dekan der Medizinischen Fakultät. Naunyn erkannte sehr bald, dass der Leiter des Pathologisch-Anatomischen Instituts die bestimmende Persönlichkeit der Medizinischen Fakultät der Universität Straßburg war. Als Kliniker und Forscher höchst angesehen, war der Internist bei seinen Kollegen eher gefürchtet als beliebt. Felix Hoppe Seyler soll er für einen ausschließlich für sein Fach lebenden sonst wenig interessierten Wissenschafter gehalten haben (Friedrich Kluge 2002, persönliche Mitteilung) Marie Sophie Moritz, verwitwete Hochhaus, die Naunyn verehrte schildert ihn in ihrem Buch *Die deutschen Kliniker um die Jahrhundertwende.* Sie beschreibt Naunyn: *„Das beherrschende waren seine hellen, scharfblickenden Augen, das eindrucksvollste seine sehr lebhaften, immer scharfen, meist aggressiv formulierten Worte"* *(Moritz 1958; Anhang 10.1).*

Zahlreiche Physiologen waren der Überzeugung, dass Hoppe-Seylers Anstrengungen, die „Hilfswissenschaft" Physiologische Chemie zu verselbstständigen, der Physiologie schaden würden. Nicht selbstverständlich war deshalb sein besonders gutes Verhältnis zu Friedrich von Goltz. Goltz forschte über Herzerkrankungen und stellte neurophysiologische Untersuchungen an. Er führte die erste operative Entfernung einer Gehirnhälfte bei Versuchstieren durch. Seinen Namen trägt der sogenannte „Goltz'sche Klopfversuch." Er entspricht dem zu einer Bradykardie führenden Reflex nach einem Boxschlag unter die Gürtellinie. Goltz und Hoppe-Seyler vertraten die Physiologie (Abb. 2) im Rahmen der 58. Versammlung Deutscher Naturforscher und Ärzte (Anhang 10.2) 1885 in Straßburg.

Beide Chemiker, Adolf von Baeyer (Nobelpreis 1905), später Nachfolger von Justus von Liebig in München und Rudolph Fittig, der als sein Nachfolger aus Tübingen berufen wurde, trugen zum wissenschaftlichen Ruhm der neuen Universität bei. Durch die räumliche Nähe des Bürgerspitals (Abb. 1) hatte Hoppe-Seyler nicht mehr wie in Tübingen Schwierigkeiten leicht und ausreichend Untersuchungsmaterial zu erhalten. Professor Arnold Cahn, Kussmauls Lieblingsschüler, Lehrer Albert Schweizers und Nachfolger Kussmauls als Leiter des Bürgerspitals, arbeitete eng mit dem Physiologischen Institut und besonders mit Eugen Baumann zusammen. Hoppe-Seyler schätzte den in Straßburg beliebtesten Arzt, dessen Können von kranken Straßburgern oft als letzte Möglichkeit der Rettung galt und den sie deshalb den „Rettungs-Cahn" (Kluge 2002) nannten und nahm an Familienfeierlichkeiten der Familie Cahn teil. Ähnlich wie mit dem Sanskritforscher von Roth in Tübingen verband Hoppe-Seyler auch in Straßburg eine enge Freundschaft mit einem Kollegen und dessen Familie, der keinerlei Beziehung zur Medizin oder gar Chemie hatte: Adolf Michaelis (Kapitel 8: Angewandte und insbesondere Medizinische Chemie in Tübingen), einer der ersten, Klassischen Philologen und Archäologen. Leiter des neuen, großen Archäologischen Instituts der Universität Straßburg, war mit Felix Hoppe-Seyler bereits in Tübingen befreundet. Michaelis half ihm gelegentlich bei der Formulierung lateinischer Zitate, die in öffentlichen Reden nicht fehlen durften (Michaelis 1872). Er war 1881–1883 Rektor der Universität Straßburg.

Bei Wanderungen mit Friedrich Ludwig Jahn hatte Felix Hoppe-Seyler begonnen, Mineralien zu sammeln. In den Francke' schen Stiftungen war Geognosie ein Lehrfach. In Tübingen hatte er Gelegenheit, mit Quenstedt zu sprechen. Er hinterließ eine umfangreiche Mineraliensammlung. Hoppe-Seylers Hauptinteresse betraf Vulkangesteine. In Straßburg diskutierte er geologische Probleme mit einem Assistenten des berühmten Mineralogen und Paläontologen Ernst Wilhelm Benecke und fand einen freundlichen Helfer in Heinrich Steinmann, der 1877–1885 am Mineralogischen Institut in Straßburg arbeitete. Steinmann wurde nach Freiburg auf den Lehrstuhl für Mineralogie und Paläontologie berufen. Hoppe-Seyler war ihm auch in späteren Jahren dankbar für seine Ratschläge.

In den Notizbüchern Felix Hoppe-Seylers (1846–1892) finden sich fast ebenso häufig wie das Thema Hämoglobin Experimente mit dem Ziel, die Entstehung des Dolomits zu klären (Hoppe-Seyler 1875); Hoppe-Seyler hatte jahrelang Versuche durchgeführt, im Reagenzglas aus „Magnesiasalzen" und Kalkstein Dolomit herzustellen. Die aufgrund dieser Experimente entstandene Theorie Hoppe-Seylers zur Entstehung des Dolomits wurde lange

Zeit diskutiert, von den meisten Geologen (Hörnes 1875) jedoch entschieden abgelehnt. Einer der Haupteinwände war die Tatsache, dass im Verbreitungsgebiet des Dolomits keine Hinweise auf die zur Synthese im Labor erforderliche hohe Temperatur (200 °C) zu finden waren. (Diesen Einwand könnte man so zusammenfassen: In den Dolomiten gibt – und gab es nie – Vulkane. Allerdings bestanden auch Einwände gegen die Notwendigkeit derartig hoher Temperaturen (Abb. 3).

Da Hoppe-Seyler in Straßburg auch das Fach Hygiene vertrat, zog ihn die Regierung des Elsass häufig zu Gutachten heran. Gemeinsam mit weiteren Vertretern der Medizinischen Fakultät, unter anderem Adolf Kussmaul und dem Chirurgen Georg Albert Lücke (sowie einigen von der Stadt Straßburg beauftragten Ärzten), wurde eine sehr eingehende und umfangreiche Untersuchung mit dem Titel: „Ärztliches Gutachten über das Elementarschulwesen in Elsass-Lothringen" (Abb. 4) erstellt. An den Ergebnissen war besonders der kaiserliche Statthalter in Elsass-Lothringen, Edwin Generalfeldmarschall von Manteuffel, interessiert. Wohl auch in den Bereich Hygiene einzuordnen ist der die Frage des Schächtens von Rindern betreffende ausführliche Briefwechsel mit dem Provinzialrabbiner Dr. (Michael Cahn Fulda (1886–1893)) einzuordnen. Hoppe-Seyler scheint

---

Entstehung von Dolomitgestein

Die Versuchsreihen *Hoppe-Seyler's*, welche ergaben, dass beim Erhitzen von schwefelsaurer Magnesia oder Chlormagnesium mit Wasser und kohlensaurem Kalk auf 200° — ebenso beim Einwirken von mit Kohlensäure gesättigter Lösung von Magnesiumbicarbonat auf kohlensauren Kalk *bei 200°* — sowie beim Erhitzen von mit Kohlensäure gesättigtem Meerwasser teils mit gelöstem Calciumbicarbonat, theils mit überschüssigem kohlensaurem Kalk auf dieselbe Temperatur Dolomit gebildet wurde, will ich nicht im Geringsten in Zweifel ziehen, doch scheint es, als ob jene Reihe von Versuchen, welche mit den angegebenen Agenten bei Temperaturen unter 100° angestellt wurden, nicht vollständig genug gewesen sei, um die Behauptung, erst bei höherer Temperatur werde *Dolomit* gebildet, zu bestätigen.

Abb. 3 Aus den Verhandlungen der Deutschen Gesellschaft für Geologie. (Hörnes 1875, S. 76–80)

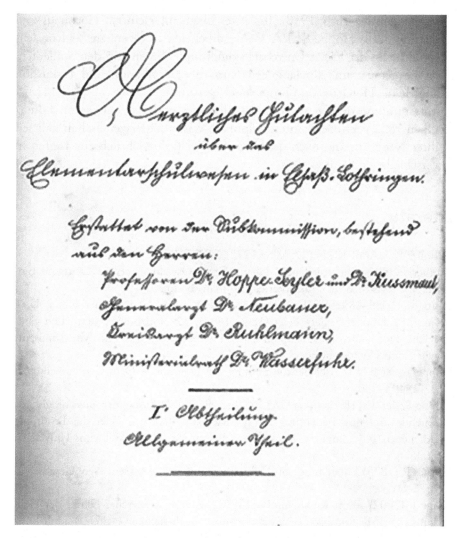

Abb. 4 Gutachten zum Elementarschulwesen im Elsaß-Lothringen

diese Methode, Tiere zu schlachten vom Hygienestandpunkt aus für einwandfrei gehalten zu haben.

Anhang 10

1. Marie Sophie Moritz, verwitwete Hochhaus, war in zweiter Ehe mit Friedrich Moritz, dem Ordinarius für Innere Medizin in Köln, verheiratet. Sie schildert, allerdings recht subjektiv, *Deutsche Kliniker um die Jahrhundert-*

wende (Moritz M. S. 1958). Ihr erster Ehemann Heinrich Hochhaus und der Sohn Felix Hoppe-Seylers, Georg, arbeiteten als Oberärzte bei Irrenaeus Quincke an der Kieler Universitätsklinik und wurden von den Studenten, da sie gemeinsam jahrelang den Kurs für Auskultation und Perkussion abhielten, „Horchaus und Klopfeleiser" genannt.

2. Versammlung der Deutschen Naturforscher und Ärzte: Die von Lorenz Oken 1822 gegründete interdisziplinäre Wissenschaftsgesellschaft hält seit ihrer Neugründung nach dem Zweiten Weltkrieg jährlich ein Treffen in verschiedenen Städten ab.

Literatur

Althoff F (17. April 1971) (27. März 1972) 2 Briefe 768/9

Bäumer B (2007) Schmiedeberg Johann Ernst Oswald. In Neue Deutsche Biographie (NDB) Bd 23, Duncker & Humblot, Berlin

Cahn M (1886–1893 Briefe an Hoppe-Seyler) Provinzial Rabbiner Fulda, UAT 768/352 Hoppe(-Seyler) Felix (1846–1892): 32 Notizbücher (enthalten zahlreiche Protokolle seiner Experimente, Privates, Vortrags- und Vorlesungsentwürfe und Untersuchungen)

Hoppe-Seyler F (1875) Ueber die Bildung von Dolomit. Z Deut Geol Gesellschaft 27(2):495–530

Hoppe-Seyler F (18. Februar 1884) Über die Entwicklung der physiologischen Chemie und ihre Bedeutung für die Medizin. Rede zur Feier der Eröffnung des neuen physiologisch-chemischen Instituts der Kaiser-Wilhelms-Universität Straßburg

Hörnes R (1875) Entstehung von Dolomitgestein. Verh der Deut Geol Gesellschaft 4:76–80

Kluge F (2002) Adolf Kussmaul 1822–1902, Arzt und Forscher-Lehrer der Heilkunst. S 351 Rombach www.zvab.com › buch-suchen › titel › adolf-kussmaul-1822 › autor. Zugegriffen: 19. Jan. 2020

Michaelis A (9. Juli 1872) Brief an Hoppe-Seyler

Moritz Marie S (verw. Hochhaus) (1958) Deutsche Kliniker um die Jahrhundertwende. Josef Schumpe, Köln-Lindental, S 26

Recklinghausen Friedrich Dv (Briefe: 14. Jan. 1868 aus Würzburg) – 26. März 1892. – 17. Apr. 1892. – 22. Sept. 1892. – 5.Okt. 1892. 25. März 1894.) UAT 768/321

Schnabel F (1953) Althoff. Friedrich Theodor in Neue Deutsche Biographie 1:222–224. https://www.deutsche-biographie.de/ppn118644890.html

Kapitel 11: Die drei wichtigsten Mitarbeiter

Zahlreiche Briefe Eugen Baumanns (Baumann Eugen 1872–1895) zeigen, dass er, wie seine späteren Nachfolger in Straßburg Albrecht Kossel (Kossel Albrecht 1881–1895) und Hans Thierfelder (Thierfelder Hans 1865–1895), eher Freunde als „Schüler" Hoppe-Seylers wurde.

Baumann begann als Apothekergehilfe und studierte, obwohl als Medizinstudent eingeschrieben, Pharmazie- und Chemie in Tübingen. Bei Hermann Fehling in Stuttgart hatte er als Hospitant bereits Grundlagen für die chemische Forschung erworben. Er arbeitete, wie Friedrich Miescher bei Adolph Strecker, bei dessen Nachfolger Rudolf Fittig am Chemischen Institut der Universität Tübingen. Sein Studium konnte er fast nach eigenem Ermessen gestalten. Bereits nach einem halbjährigen Studium (Anonymus 1897) durfte er das Pharmazieexamen antreten. Im toxikologischen Teil der Prüfung wurde Baumann von Hoppe-Seyler geprüft und beeindruckte seinen Prüfer derartig, dass dieser ihm noch während des Examens eine Assistentenstelle anbot. Arbeits- und Freizeit teilte sich Baumann, der wie Hoppe-Seyler ein begeisterter Wanderer war, allerdings selbst ein. Wenn man heute von dem schön renovierten Schloss Hohentübingen aus die in der Sonne liegende Schwäbische Alb sieht, kann man verstehen, wie verlockend dieser Anblick auf einen Insassen der dunklen, kalten Räume des Schlosslaboratoriums wirkte. Baumann liebte seine Ausflüge auf die Schwäbische Alb.

Er folgte 1872 Hoppe-Seyler als „Erster (Ober-)Assistent" nach Straßburg. Fünf Jahre später wurde er mit Unterstützung durch seinen Chef selbstständiger Leiter der Chemischen Abteilung am Physiologischen

© Springer-Verlag GmbH Deutschland, ein Teil von Springer Nature 2022
G. Hoppe-Seyler, *Physiologische Chemie. Das Leben Felix Hoppe-Seylers*,
https://doi.org/10.1007/978-3-662-62002-1_11

Institut bei Emil du Bois-Reymond in Berlin. Die Universität Straßburg verlieh Baumann in Anerkennung seiner Leistungen die Ehrendoktorwürde, als er Straßburg verließ.

Eine seiner bedeutenden Entdeckungen ist sicher das „Jodothyrin". Leider hat sein früher Tod verhindert, dass er Untersuchungen über den Jodgehalt der Schilddrüse zu Ende führen konnte. Auch Entdeckungen wie die der Homogentisinsäure als Ursache für die Ochronose des Alkaptonurikers und verschiedene Schwefelverbindungen (Merkaptale) sind mit seinem Namen verbunden. Er vergaß aber auch in Straßburg nicht seine Ausbildung als Pharmazeut.

Hoppe-Seyler selbst hat sich, soweit feststellbar nicht mit der Entwicklung oder der Aufklärung der Wirkung von Medikamenten beschäftigt obwohl er mit einer Reihe von Gründern pharmazeutischer Firmen oder Institute (zum Beispiel Heinrich Caro oder Carl Remigius Fresenius (Fresenius Carl R. 1872, 1882): in brieflicher Verbindung stand. Zahlreich sind dagegen Bitten um Empfehlungen für „Erfinder" sogenannter, man würde heute sagen „Nahrungsergänzungsmittel", die Hoppe-Seyler nicht beantwortete. Er scheint, im Gegensatz zu Eugen Baumann, engere Beziehungen zur entstehenden Arzneimittelindustrie möglichst vermieden zu haben.

Einer der früheren Mitarbeiter Hoppe-Seylers, Josef von Mering, wurde 1903 gemeinsam mit Emil Fischer (Nobelpreisträger 1902) durch die Entdeckung der Diethylbarbitursäure (des Veronals) und seiner Wirkung berühmt und war an der Einführung des Paracetamol beteiligt. Neben dem Nachruf auf Eugen Baumann (Anonymus 1897), der bereits die große Anzahl seiner Untersuchungen und Entdeckungen zusammenfasst, wird auf die ausführliche Darstellung von Beatrix Bäumer hingewiesen. Sowohl die Arbeiten von Anja Vöckel wie von Beatrix Bäumer (1996) rücken die Rolle Baumanns für die Entstehung der experimental begründeten Pharmazie und die Bedeutung des wissenschaftlichen Austauschs zwischen Pharmazie und Physiologischer Chemie in den Vordergrund. Wissenschaftlich liegt seine Bedeutung im Bereich der biochemischen, medizinischen und technisch-pharmazeutischen Forschung. Gerade Letztere scheint, vielleicht auch durch den Einfluss seines ersten Lehrers Hermann Christian von Fehling, seinen eigentlichen Forschungsinteressen entsprochen zu haben. Er entdeckte 1888 das damals viel benutzte, mit beträchtlichen Nebenwirkungen behaftete Schlafmittel Sulfonal (Baumann und Kast 1890).

Der Pharmazeut Baumann und Frédéric Alphonse Musculus, der Leiter der Apotheke im Straßburger Bürgerspital, ergänzten sich. Baumann scheint später, man könnte annehmen mit einer gewissen Wehmut, von seinen regelmäßigen Treffen und wissenschaftlichen Diskussionen mit Musculus und Hoppe-Seyler im Labor des Physiologisch-Chemischen Instituts in

Straßburg berichtet zu haben (Anonymus 1897). F. A. Musculus hatte vor dem Nachweis der zellfreien Gärung durch Eduard Buchner ein nicht an lebende Zellen gebundenes Ferment, die Urease, beschrieben. Er ist auch der Entdecker des Acetanilids (Antifebrin), zufällig nach einer Verwechslung mit dem von Adolf Kussmaul als Wurmmittel verordneten Naphthalin in seiner Apotheke. Die analgetische und fiebersenkende Wirkung des Medikamentes wurde von Arnold Cahn und seinen Mitarbeitern im Bürgerspital erkannt und angewendet. In Berlin traf Eugen Baumann Carl Schotten, der die Grundlagen für die sogenannte Schotten-Baumann-Reaktion (Ester- und Amidsynthese) schuf. Der Chemiker Schotten arbeitete am Berliner Physiologischen Institut sowohl mit Baumann als auch später mit Albrecht Kossel zusammen. Er gestaltete einen sehr großen Anteil des Unterrichtes der Chemischen Abteilung des Physiologischen Instituts und entlastete dadurch seine Mitarbeiter. In Berlin erreichte Baumann schließlich 1883 ein Ruf an die Universität Freiburg auf den Lehrstuhl für Medizinische Chemie. Er hat Hoppe-Seyler in zahlreichen Briefen über seine Forschungen, aber auch Sorgen in Freiburg berichtet. Leider litt Baumann sehr unter Streitereien mit Kollegen unter anderem um Arbeitsräume, wohl vorwiegend mit Chemikern des Chemie-Ordinariats. Direkter Nachfolger Baumanns in Straßburg wurde Erwin Herter, der eng mit Eugen Baumann zusammengearbeitet hatte (Baumann, E. und E. Herter. 1877–1878) und Zweiter Assistent Albrecht Kossel. 1893/1894 verdiente der Erste Assistent etwas mehr als der allerdings seit Jahren im Dienst der Universität stehende und von Hoppe-Seyler sehr geschätzte Diener Mayer erhielt (Abb. 1). Es existierten große Unterschiede auch unter den Ordinarien. Das Gehalt von Kussmaul betrug 1886 12.000 Reichsmark und wurde nach der Pensionierung weiter bezahlt (Kluge 2002, S. 514). Für Felix Hoppe-Seyler der deutlich weniger verdiente bedeutete die Zulage von 500 Mark nachdem er den Ruf an die Universität Wien abgelehnt hatte bereits eine beträchtliche Verbesserung Vöckel A (2003).

Albrecht Kossel wurde 1883 Nachfolger Herters auf der Stelle des Ersten Assistenten am Physiologisch-Chemischen Institut in Straßburg. Ausser den Auskünften von Dankwart Ackermann, der mit Albrecht Kossel zusammenarbeitete gibt es keine Referenz persönliche Mitteilung D. Ackermann. In Kossels Briefen, die er später von Berlin und Marburg aus an seinen alten Chef, oder besser: an seinen vertrauten Freund, richtete, findet man, neben persönlichen Erlebnissen und Bemerkungen zur wissenschaftspolitischen Lage der Physiologischen Chemie, genaue Berichte über einzelne Schritte seiner Forschungen.

Als Baumann Berlin verließ und Du Bois-Reymond Hoppe-Seyler um die Empfehlung eines geeigneten Nachfolgers bat, empfahl Hoppe-Seyler erneut seinen liebsten und besten Mitarbeiter.

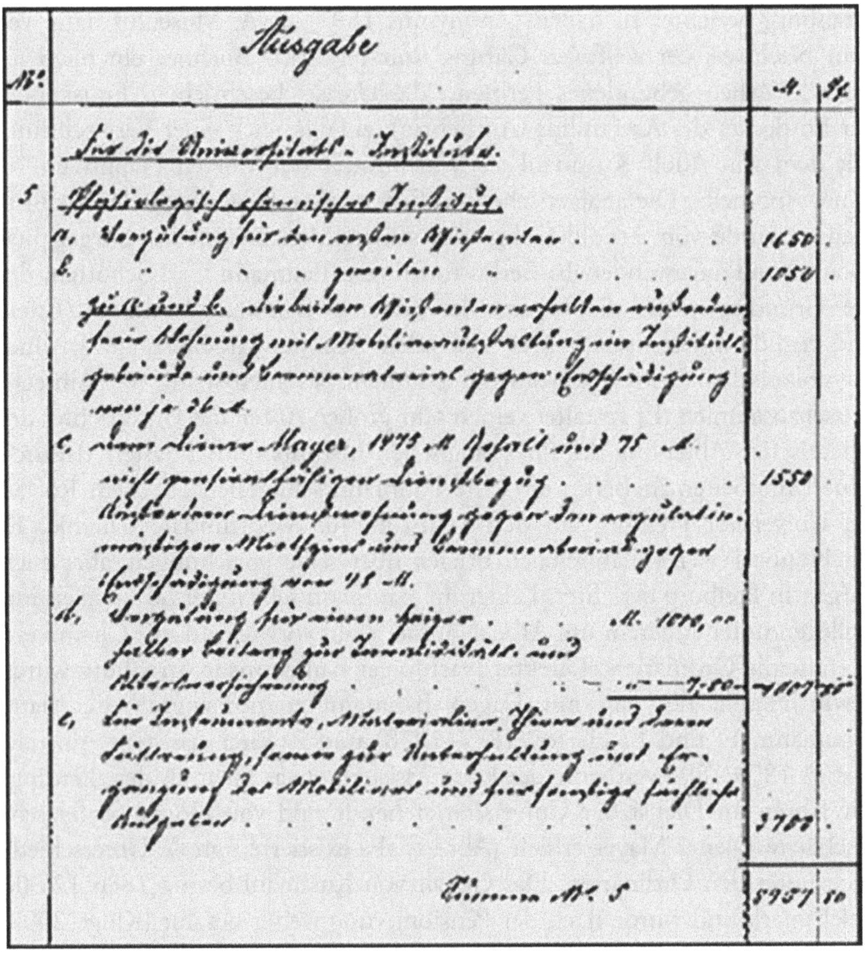
Ausgabe
No
M. Pf.
1650
1050
1550
3700
5957 50

Abb. 1 Gehälter der Assistenten, des Heizers und des Institutsdieners 1894/1895

Albrecht Kossel wurde Leiter der Chemischen Abteilung an der Berliner Physiologie. Er unterstand nur verwaltungstechnisch dem Ordinariat für Physiologie.

In Briefen an seinen alten Chef aus Berlin und später aus Marburg kann man nachempfinden, mit welcher Begeisterung und Vorstellungskraft Kossel forschte. Sein Name ist heute mit der Konstitutionsaufklärung der Nukleinsäuren verbunden und er erkannte, ähnlich wie bereits Friedrich Miescher vermutete, dass ihnen eine Funktion für den Reproduktionsvorgang zukommen könnte. Albrecht Kossel vermutete bereits, dass es sich um Erbfaktoren handele, die bei der Befruchtung übertragen würden. Er entdeckte

die wesentlichen Purinbasen und Pyrimidine und erkannte den Kohle-
hydratanteil der Nukleinsäuren.

Das weite Spektrum seiner Forschungen umfasst aber auch das
sogenannte Silber-Baryt- Verfahren zur Isolierung von Arginin, Lysin und
Histidin und später zahlreichen biogenen Aminen (Ackermann 1962) das
er mit seinem Assistenten Friedrich Kutscher in Marburg entwickelte. Die
Histone (sozusagen die Verpackung der DNA der Chromosomen) wurden
von Kossel beschrieben. Daneben publizierte er zahlreiche Untersuchungen
auf unterschiedlichsten Gebieten der Biochemie.

Die beiden Freunde ähnelten sich in ihrer Denkweise. Wenn Felix
Hoppe-Seyler auch hier „der vom Glück Begünstigte" gewesen wäre, hätte
er vielleicht noch miterleben können, wie einer seiner „Ersten Assistenten"
1910 den Nobelpreis, in Anerkennung seines Beitrags über das Wissen der
Zellchemie durch seine Arbeiten über Proteine einschließlich der Kern-
substanzen, erhielt. *„in recognition of the contributions to our knowlege of cell
chemistry made through.his work on proteins, including the nucleid substances"*

In einigen seiner Briefe (Kossel 1881–1895) aus Berlin und Marburg
beschäftigt sich Kossel mit einem Problem, das auf der schnell zunehmenden
Einrichtung von selbstständigen Hygiene-Lehrstühlen beruhte. Hoppe-
Seyler und Kossel befürchteten, dass die Ergebnisse Robert Kochs und
die stürmische Entwicklung der Bakteriologie Beeinträchtigungen für die
junge, in den Anfängen befindliche Physiologische Chemie zur Folge haben
könnten. In Straßburg gehörte die Hygiene zur Physiologischen Chemie.
Auch Albrecht Kossel vertrat das Fach während seiner Tätigkeit am Physiologischen Institut in Berlin. Nach Marburg (Kossel 1891, 8.2) wurde er als
Professor für Hygiene (!) berufen, bevor er nach wenigen Wochen als Nachfolger des verstorbenen Rudolf Eduard Külz den Lehrstuhl für Physiologie
erhielt. Kossel machte dadurch Platz für Emil Adolf Behring, den Assistenten
und Klinischen Oberarzt von Robert Koch.

Kritisch sah Max Josef von Pettenkofer die Bedeutung der Bakteriologie. Als
einer der ersten Vertreter der auf Wissenschaft, Erfahrung und Experimenten
beruhenden Hygiene hatte er großen Einfluss. (Anhang 1.1) Hoppe-Seyler
und Albrecht Kossel standen (wie Virchow) den Bestrebungen selbstständige
Hygiene-Abteilungen an den deutschen Universitäten einzurichten, nicht sehr
begeistert gegenüber. Kossel schreibt 1888 an Hoppe-Seyler:

*„Es scheint als ob man jetzt damit umgeht, an allen Universitäten Professuren für
Hygiene zu errichten. Hoffentlich wird man mehrfach mit der Hygiene die Physiologische Chemie verbinden und physiologische Chemiker mit solchen betrauen.
Bisher ist leider die bakteriologische Strömung noch maßgebend"* (Kossel 1888,
16.5.).

Für Albrecht Kossel stand damals das Schicksal der Physiologischen Chemie ganz im Vordergrund. Felix Hoppe-Seyler bemühte sich, in Straßburg möglichst keine Räume in seinem Institut an Bakteriologen zu verlieren, und setzte sich gemeinsam mit Oswald Schmiedeberg in der Fakultät gegen die Einrichtung einer gesonderten Hygiene-Einrichtung und gegen die Meinung der Kliniker durch.

Noch gab es die Vorstellungen Max Josef von Pettenkofers, „Keime" allein sind nicht für Krankheiten verantwortlich. Umweltbedingungen (toxische Substanzen aus Keimen nach Kontakt mit feuchtem Boden) könnten entscheidend für die Krankheitsentwicklung sein. Die Infektion der von Robert Koch entdeckten (Cholera-)Bakterien allein wär nicht dazu in der Lage. Das war schließlich heroisch und im Selbstversuch (Anhang 11.1) durch ihn und seine Mitarbeiter bewiesen worden. Die unterschiedlichen Auffassungen und Diskussionen über die Infektion (- Pettenkofer vertrat die Ansicht, die Umweltbedingungen seien von erheblich größerer Bedeutung für die Entstehung einer Krankheit als die bloße Anwesenheit von Krankheitserregern mit dem (Cholera-)Erreger). Ausführliche Diskussionen sind in der Dissertation von G. Raschke (2008) zusammengefasst. worden.

Albrecht Kossel vertrat seine Position als Forscher, Chef und Wissenschaftler sehr nachdrücklich. Bei Joseph Fruton (1952) finden sich Schilderungen von Besuchern des von Albrecht Kossel geleiteten Instituts in Heidelberg. In einem lesenswerten Biografie-Roman haben Dr. Edith und Dr. Joachim Framm, Wismar, ein Lebensbild Albrecht Kossels verfasst. (Framm Edith und Joachim Framm 2019). Dankwart Ackermann (Abb. 2) war etwas zurückhaltend, wenn er über seine Zeit am Physiologischen Institut in Heidelberg berichtete. Er beschreibt rührend seinen ersten Besuch: Albrecht Kossel – *„immer liebenswürdig, doch eine Würde eine Höhe entfernte die Vertraulichkeit"* – führte ihn selbst an der Waage in die Technik der Gewichtsanalyse ein. Damit setzte Kossel die Tradition Hoppe-Seylers fort, dem die Ausbildung seiner Schüler besonders wichtig war. Dankwart Ackermann erzählt von einem ersten Besuch im Institut Albrecht Kossels nachdem er 1903 in Rostock das Staatsexamen bestanden hatte

„So kam es, dass ich am 1. Oktober 1903 die Stufen des Physiologischen Instituts in Heidelberg erklomm und mich meldete. Albrecht Kossel, später mit dem Nobelpreis ausgezeichnet, war eine imponierende Persönlichkeit. Er wirkte irgendwie klassisch, war immer liebenswürdig: ,doch eine Würde, eine Höhe entfernte die Vertraulichkeit. Meine chemischen Kenntnisse waren praktisch null, und so war es gut, dass Kossel wie sein Lehrer Hoppe-Seyler einen kurzen Ausbildungsgang durchführte. Über Gewichts- und Maßanalyse ging es zur Reindarstellung biologischer und ,Gattermann' Präparate. Da seine Assistenten noch nicht da waren, setzte er sich selbst an die Waage und machte mir selbst eine Gewichtsanalyse vor, ein Tun das ich heute bewundern muss und mir eine liebe Erinnerung ist" (Ackermann Dankwart 1963).

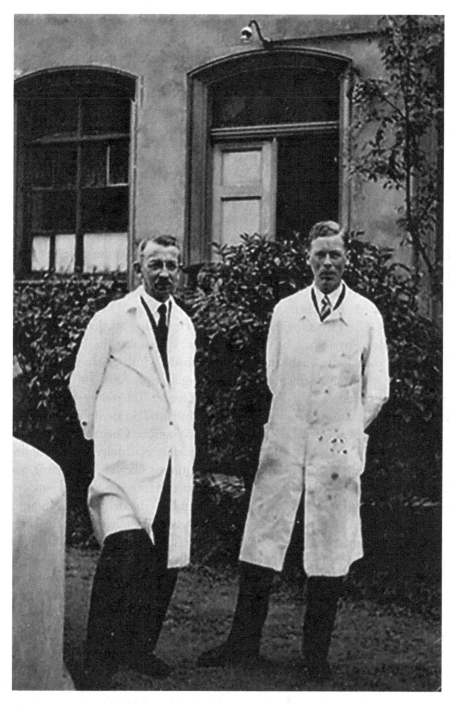

Abb. 2 Professor Dankwart Ackermann und PD. Felix Adolf. Hoppe-Seyler, etwa 1930

Dankwart Ackermann bewunderte Albrecht Kossel, aber mit Friedrich Kutscher und Hermann Steudel entstanden nach seinem Wechsel an das Physiologisch-Chemische Institut der Universität Marburg viel zwanglosere und mehr kollegiale Beziehungen.

Hans Thierfelder wurde in Rostock geboren. Sein Vater leitete die Medizinische Universitätsklinik. Thierfelder promovierte bei Otto Nasse, der als Physiologischer Chemiker und Pharmakologe der aus Halle an die Universität Rostock berufen worden war.

Hoppe-Seyler bot ihm 1884 eine Assistentenstelle an. Als der Nachfolger Kossels, Hermann Adolf Landwehr, 1885 an das Physiologische Institut in Würzburg wechselte, wurde er „Erster Assistent" bei Hoppe-Seyler und 1887 Privatdozent. Als Albrecht Kossels Bewerbung um den Lehrstuhl für Hygiene in Marburg Erfolg hatte, fragte Emil Du Bois-Reymond erneut bei Hoppe-Seyler an ob er ihm als Nachfolger einen Physiologischen Chemiker empfehlen könne. Hoppe-Seyler nannte Thierfelder. Du Bois-Reymond hat sich in Briefen ausdrücklich bei Hoppe-Seyler für die Bereitschaft, ihm seine besten Mitarbeiter vorzuschlagen, bedankt. (Du Bois-Reymond 1862–1895). Die Physiologisch-Chemische Forschung an der Chemischen Abteilung des Physiologischen Instituts der Universität in Berlin leitete Thierfelder vollständig unabhängig. Seine Karriere wurde genau von Hoppe-Seyler und wie es aus seinen Briefen hervorgeht von Albrecht Kossel verfolgt. Der Privatdozent für Physiologische Chemie Thierfelder folgte 1891 Robert Koch als Kustos des „Hygienischen Museums" in Berlin nach.

1909 wurde er auf den Lehrstuhl für Physiologische Chemie in Tübingen berufen. Er folgte Gustav Hüfner, dem direkten Nachfolger von Hoppe-Seyler. Sein Name ist neben ersten Untersuchungen über die Biochemie der Glukuronsäure unter anderem auch mit der Erforschung von Phospholipiden, des Cerebrons und weiterer Cerebroside verbunden. Thierfelders Forschungen bestätigten eine Reihe von Entdeckungen Ludwig Thudichums. Sein langjähriger Mitarbeiter war ein Chemiker: Percy Brigl vertrat später Lehrstühle für Agrikulturchemie in Hohenheim und Berlin (Hermann 1980, S. 62) Mit Thierfelder und Brigl arbeitete Ernst Klenk (Anonymus 1971) am Tübinger Institut. Klenk klärte die Ursache von Lipoidspeicherkrankheiten, die Pathogenese des Morbus Gaucher und der Niemann-Pick'schen Krankheit auf und identifizierte die gespeicherten Lipoide (Thierfelder und Klenk 1930). Er veröffentlichte grundlegende Arbeiten aus der Fettsäurebiochemie und über Membranproteine (Glykoproteine) und ihre Bedeutung bei Virusinfektionen. Seine Arbeiten wurden die Grundlage der modernen Lipidbiochemie. Das Physiologisch-Chemische Institut der Kaiser Wilhelms Universität in Straßburg und die Entdeckungen seiner Mitarbeiter sind Ausgangspunkt bedeutender Forschungsgebiete der Biochemie geworden.

Wie ihr Lehrer können Eugen Baumann, Albrecht Kossel und Hans Thierfelder „Begründer der Physiologischen Chemie" genannt werden.

Das Schicksal des *Handbuchs der „Physiologisch- und Pathologisch-Chemischen Analyse"* war nach Hoppe-Seylers Tod bei dem Mitherausgeber Hans Thierfelder in den besten Händen. Albrecht Kossel übernahm nach Felix Hoppe-Seyler die Herausgabe der *Zeitschrift für Physiologische Chemie.* Eugen Baumann überlebte seinen Lehrer nur um ein Jahr.

Anhang 11

1. Max August Pettenkofer trank am 17. Oktober 1892 eine Cholera-bakterienkultur, um zu beweisen, dass nicht Cholera- Vibrionen, jedenfalls nicht allein, die Krankheit hervorrufen. Max Pettenkofer war überzeugt, dass Umweltbedingungen („der Boden") eine ent-scheidende Rolle in der Krankheitsgenese spielen. Nach dem Selbstver-such in München traten nur mäßige Magen-Darm-Beschwerden auf. So bestätigte das Experiment scheinbar seine Auffassung.

Literatur

Ackermann D (1963) Streiflichter der Erinnerung. Hippokrates 34 7 S 3 G.H-S (Sonderdruck)

Ackermann D (1962) Biogene Amine etc. Berichte der Physikalisch-Medizinischen Gesellschaft Würzburg Bd 70,1 (Sonderdruck)

Anonymus (1897) Zur Erinnerung an Eugen Baumann. Z Physiol Chem 23 1–22 (S 4)

Anonymus (1971) Klenk E. Nachruf. Z Physiol Chem 203(1–2):1–9

Baumann E, Herter E (1877–1878) Ueber die Synthese von Aetherschwefelsäuren und das Verhalten einiger aromatischer Substanzen im Thierkörper. Z Physiol Chemie 1:244–269

Baumann E (1872–1895) 97 Briefe an Hoppe-Seyler UAT 768/275

Baumann E, Kast A (1890) Z Physiol Chem 14:52–74

Bäumer B (1996) Von der physiologischen Chemie zur biochemischen Arznei-mittelforschung. Der Apotheker und Chemiker Eugen Baumann (1846–1896) an den Universitäten Straßburg, Berlin, Freiburg und in der pharmazeutischen Industrie. Stuttgart 1996. Diss. TU-Braunschweig https://www.zvab.com › AbeBooks › Bäumer, Beatrix

Bohley P (2009) Das Schlosslabor in der Küche von Hohentübingen, Wiege der Biochemie 8–22. S 27 Der faire Kaufladen (Bruno Gebhardt-Pietsch)

Du Bois- Reymond Emil (1862–1895: 10 Briefe an Hoppe-Seyler) UAT 768/81

Flexner S, Flexner J (1948) Henry Welch und das heroische Zeitalter der amerikanischen Medizin Georg Thieme S. 71 (Neue Ausgabe: William Henry Welch and the Heroic Age of American Medicine (Englisch) Gebundenes Buch – 1. Januar 1993) Leipzig, S 42

Framm E, Joachim F (2019) Albrecht Kossel und die DNA Koch und Raum Wismar OHG (Bezug: joachim Framm@t-online.de)

Fresenius CR (1872–1882: 4 Briefe an Hoppe-Seyler): UAT 788/116

Fruton JS (1990) Contrasts in Scientific Stile, "Felix Hoppe-Seyler and Willy Kühne". Am Philos Soc Philadelphia. Contrasts in scientific style: research groups in the chemical and biochemical sciences. S 111 Zitat S 97 nach Sir Ernest Kennaway (1952). In Some Recollections of Albrecht Kossel Ann Sci 9:393–397

G Raschke (2008) Die Choleratheorie Max von Pettenkofers im Kreuzfeuer der …mediatum.ub.tum.de. von G Raschke (2008)

Hermann A, Wankmüller A (1980) Felix Hoppe-Seyler. In: Wolf von Engelhardt Tübingen (Hrsg) Physik, Physiologische Chemie und Pharmazie an der Universität Tübingen. Mohr, Tübingen und UAT

Hoppe F (1850) Inauguraldissertation

Hühnerfeld P (1956) Kleine Geschichte der Medizin. Heinrich Scheffler, Frankfurt a. M., S 120–145

Kluge F (2002) In Adolf Kussmaul 1822–1902 Arzt und Forscher-Lehrer der Heilkunst. Rombach, S 514

Knott R, Weber W (1896) In: Allgemeine Deutsche Biographie 41, S 358–361. https://www.deutsche-biographie.de/pnd11862976X.html#adbcontent

Kossel A (1881–1895: 47 Briefe an Hoppe-Seyler) UAT 768/456

Kossel A (1888 16.5: Brief an Hoppe-Seyler) UAT 788/456

Miescher F (1897) Die histochemischen und physiologischen Arbeiten von Friedrich Miescher Band.1 herausgegeben von seinen Freunden. F. C. W. Vogel, F chumpe, Köln-Lindental, S 26

Moritz Maria S (verw. Hochhaus) (1958) Deutsche Kliniker um die Jahrhundert-Funke O (1873–1876) 16 Briefe Hoppe-Seyler

Nuhn P, Remane H, Neubert R (2010) Entwicklung der Fachrichtung Pharmazie an der Universität Halle. https://www.pharmazie.uni-halle.de› forschung› 30_jahre_pharmazie. Zugegriffen: 17. Nov. 2010

Raschke (2007) Die Choleratheorie Max von Pettenkofers im Kreuzfeuer der …http://mediatum.ub.tum.de › doc › documentPDF von KKD Choleradiskussion · 2007 · Zitiert von: 5 — Max von Pettenkofers Choleratheorie im. Kreuzfeuer der Kritik – https://katalog.ub.uni-heidelberg.de/titel/68793770 Die Choleradiskussion und ihre Teilnehmer. Von. Gregor Raschke … 146 Seiten. Die Promotionsarbeit ist nur über google zu erreichen

Thierfelder H (1865–1895: 100 Briefe an Hoppe-Seyler) UAT 764/456

Thierfelder H, Klenk E (1930) Die Chemie der Cerebroside und Phosphatide. Julius Springer

Vöckel A (2003) Die Anfänge der physiologischen Chemie. Ernst Felix Immanuel Hoppe-Seyler (1825–1895) S 78, 79. https://d-nb.info/968370640/34. Zugegriffen: 12. Juni 2020

Kapitel 12: Der Autor

Noch in Berlin an der Charité schrieb Hoppe 1858 (Hoppe, Felix 1858): ein Büchlein, das eine praktische „Anleitung zu Physiologisch-Chemischen Untersuchungen" zum Inhalt hatte. Von Auflage zu Auflage entwickelte sich daraus ein Handbuch (Verlag August Hirschwald Berlin). (Handbuch 1858–1966) Felix Hoppe-Seyler und Hans Thierfelder das eine nahezu vollständige Sammlung bewährter physiologisch-chemischer Methoden enthielt. Man konnte sich darauf verlassen, dass die Autoren die angegebenen Verfahren persönlich überprüft hatten. Ein physiologisch-chemisches Laboratorium oder auch eine Klinisch-Chemische Abteilung ohne den sogenannten „Hoppe-Seyler" (ab 1893 „Hoppe-Seyler- Thierfelder") war undenkbar. Sämtliche Auflagen des Handbuchs befinden sich im Universitätsarchiv Tübingen.

Sieben der in Tübingen befindliche Exemplare konsekutiver Auflagen erlauben es, die Arbeitsweise Hoppe-Seylers genau nachzuvollziehen: Vor einer neuen Auflage erhielt der Autor (Abb. 1) ein sogenanntes „durchschossenes Exemplar", das heißt, jede bedruckte Seite der älteren Auflagen wird vom Verlag neben einer leeren Seite eingebunden. Mit seiner kleinen, schwer lesbaren Schrift fügte Hoppe-Seyler zahlreiche für wichtig gehaltene Änderungen, neu erschienene Literaturhinweise und Verbesserungen ein. Sie wurden für die folgende Auflage übernommen.

Fast alle physiologisch-chemischen Arbeiten, jedenfalls soweit sie deutschsprachig waren, erschienen in der von ihm seit 1877 herausgegebenen *Zeitschrift für Physiologische Chemie* (Karl J. Trübner, Walter de Gruyter Verlag; (Anhang 1). Hoppe-Seyler bewertete sie immer persönlich und

© Springer-Verlag GmbH Deutschland, ein Teil von Springer Nature 2022
G. Hoppe-Seyler, *Physiologische Chemie. Das Leben Felix Hoppe-Seylers,*
https://doi.org/10.1007/978-3-662-62002-1_12

Abb. 1   Hoppe-Seyler, Professor für Physiologische Chemie Straßburg

überprüfte sie häufig experimentell. Er war daher stets mit der neuesten Literatur vertraut. Das Ziel, physiologisch-chemische Arbeiten nicht mehr in Zeitschriften für Chemie, Biologie, Medizin oder Physiologie suchen zu müssen und sie in einem Organ zu vereinen, war Hoppe-Seyler in einem ersten Versuch nicht gelungen. Der Vorläufer der *Zeitschrift für Physiologische Chemie*, die *Medizinisch-Chemischen Untersuchungen aus dem Schlosslabor in Tübingen*, entwickelten sich zu einer Zeitschrift der Arbeitsgruppe Hoppe-Seylers und enthielt praktisch keine Arbeiten anderer Autoren. Erst Hoppe-Seylers „*Zeitschrift für Physiologische Chemie*" erfüllte die von ihrem Herausgeber erhoffte Aufgabe: „*eine bessere Vereinigung der auf diesem Gebiete neu ausgeführten Forschungen herbeizuführen und sich hierdurch der Wissenschaft selbst förderlich zu erweisen*" *(Hoppe-Seyler 1877)*.

Für die Entwicklung der „Physiologischen Chemie" zu einem gleichberechtigten Fach der Naturwissenschaften muss die Gründung der Hoppe-Seyler'schen Zeitschrift als einer der bedeutenden Schritte angesehen werden.

Führende Physiologen, besonders nachdrücklich der Physiologe Eduard Pflüger (Bonn),der mit Felix Hoppe-Seyler in seinen Briefen wissenschaftliche Auffassungen diskutierte (Pflüger 1868–1885) und Emil Du Bois-Reymond, der Lehrer des Bonner Physiologen lehnten eine Abtrennung „ihrer Hilfswissenschaft" aus der Physiologie ab. Eugen von Gorup-Besánez (Erlangen) sandte dagegen einen ausführlichen Brief (v. Gorup-Besanez 1877; (Anhang 12.2) an Hoppe-Seyler, in dem er die Notwendigkeit für die Gründung der Zeitschrift unterstrich. Marceli Nencki (Nencki Marceli 1880) (Anhang 12.3) war überzeugt, dass die Physiologische Chemie ihren Platz als eigenständiges Fach finden würde (Abb. 2).

Vielleicht hätte man aber im 20. Jahrhundert über eine ganz vernünftige Bemerkung Nenckis nachdenken können. Er war der Überzeugung, dass nicht eine deutsche, sondern eine internationale Zeitschrift viel besser geeignet wäre. Nencki hatte selbst Pläne, ein entsprechendes Archiv zu gründen. Die *Zeitschrift für Physiologische Chemie* konkurrierte mit seinem eigenen Vorhaben. Einen Vorschlag, welche Sprache er dann wählen würde, machte Nencki aber nicht. Englisch als Wissenschaftssprache existierte nicht. Unter Berücksichtigung der Universitäten, die er als Arbeitsorte wählte, wären damals Polnisch, Deutsch, Schweizerisch und Russisch in die engere Wahl gekommen.

Auf gewisse Weise setzte Dankwart Ackermann die Bemühungen Hoppe-Seylers fort. Er verfasste zahlreiche Propagandaartikel (Ackermann 1959) mit dem Ziel, die Physiologische Chemie als gleichwertiges naturwissenschaftliches Fach an deutschen Universitäten zu etablieren. Mit Franz Knoop (beta-Oxidation der Fettsäuren, Zitronensäurezyklus), der den

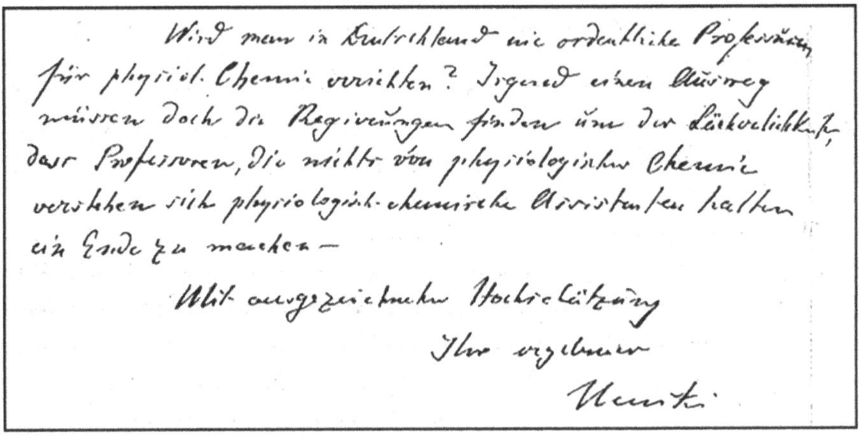
Wird man in Deutschland nie ordentliche Professuren für physiol. Chemie errichten? Irgend einen Ausweg müssen doch die Regierungen finden um der Lächerlichkeit, dass Professoren, die nichts von physiologischer Chemie verstehen sich physiologisch-chemische Assistenten halten ein Ende zu machen –

Mit ausgezeichneter Hochschätzung

Ihr ergebener

Nencki

Abb. 2 Marceli Nencki 1880, aus einem Brief an Felix Hoppe-Seyler

bescheidenen Ackermann durch sein „weltmännisches Wesen", wie Ackermann es bezeichnete, und „seine Eleganz" ergänzte, (Ackermann 1962) gelang es eine wichtige Voraussetzung durchzusetzen. Die Physiologische Chemie wurde Prüfungsfach. Gemeinsam gründeten Franz Knoop und Dankwart Ackermann 1942 die „Deutsche Gesellschaft für Physiologische Chemie" (heute „Gesellschaft für Biochemie und Molekularbiologie"). Ackermann kannte nahezu jedes Mitglied persönlich. Wenn ein Biochemiker Würzburg besuchte, war es selbstverständlich, dass der Senior der Physiologischen Chemie besucht wurde. Nicht nur Feodor Lynen (Stoffwechsel von Cholesterin und Fettsäuren), Marcel Florkin (Entwicklung der Biochemie), Hans Adolf Krebs (Zitronensäurezyklus), Ernst Klenk (Lipide und Lipoide) und Carl Martius (Zitronensäurezyklus) kamen in seinem Labor, in dem er bis zu seinem Tode täglich arbeitete, vorbei. Die große Anzahl von „biogenen Aminen", die Dankwart Ackermann neben weiteren unbekannten Substanzen in einer langen Forschertätigkeit entdeckte, fasste er 1962 (Ackermann D. 1962) in einer Veröffentlichung zusammen und ergänzte sie durch eine Zusammenstellung seiner wissenschaftspolitischen Publikationen, die sich für die Etablierung der Physiologischen Chemie an den deutschen Universitäten einsetzten.

Neben einigen populärwissenschaftlichen Artikeln (Anhang 12.4) erschien 1881 im Verlag Hirschwald ein Buch mit dem Titel *Physiologische Chemie.* In vier Abschnitten beschreibt Hoppe-Seyler Grundlagen und Ergebnisse der physiologisch-chemischen Forschung. Es handelt sich nicht nur um ein Lehrbuch, sondern auch um eine begeisterte Schilderung seines Fachgebietes (Hoppe-Seyler 1881). Felix Hoppe-Seyler stand mit zahlreichen Naturwissenschaftlern und Medizinern in brieflicher Verbindung. Die wesentlichen Fachgesellschaften den Gebieten der Chemie, Physiologie und Medizin nahmen ihn unter ihre Mitglieder auf (Anhang Kap. 13.1).

Nicht so sehr der „geniale Gedanke" war der Auslöser seiner Forschungen, als das Bedürfnis, „Hypothesen" zu beweisen oder zu widerlegen. Das war nach seiner Meinung nur durch das Experiment möglich. Er machte keinen eigentlichen Unterschied zwischen Hypothese und Spekulation, wenn wissenschaftliche oder experimentelle Grundlagen fehlten. Seine Untersuchungen haben immer eine umfassende Kenntnis der Literatur zur Grundlage. Dabei beschränkte er sich nicht auf medizinische oder physiologisch-chemische Veröffentlichungen, sondern las und sammelte Arbeiten aus fast allen Gebieten der Naturwissenschaften. Zu seinen Eigenschaften gehörte auch eine hohe Selbsteinschätzung. Sarkastische, gelegentlich ungerechte, kritische Ausführungen und ein sehr ausgeprägter autoritärer Zug machten ihm nicht überall Freunde. Die zuletzt genannte Eigenschaft hat zu Fehlern geführt (Kapitel 13: Hoppe-Seylers Forschungsschwerpunkte), die seinem Ruf schadeten. Vielleicht war sie aber auch die eigentliche Voraussetzung für Hoppe-Seylers Beiträge zur Etablierung „seines Fachs". Das Engagement, mit dem er versuchte gegen vielfältige Widerstände Selbstständigkeit für die Physiologische Chemie und vor allem Unabhängigkeit von der Physiologie zu erreichen, wäre ohne Autorität unmöglich gewesen. In Straßburg hatte er Erfolg. Aber Hoppe-Seyler hat sicher nicht erwartet, dass die Verhältnisse soweit sie die Physiologische Chemie betrafen an vielen deutschen Universitäten bis in die zwanziger Jahre des nächsten Jahrhunderts unverändert blieben.

Dankwart Ackermann weist auf den Vortrag des Nobelpreisträgers Frederic Gowland Hopkins (Cambridge) während des Internationalen Physiologen-Kongresses 1926 in Stockholm hin. Physiologische Chemie/Biochemie vertraten und lehrten vielerorts immer noch nachgeordnete Mitarbeiter der Physiologie.

Hopkins bemerkte:

„dass es unter solchen Umständen eigentlich schwer zu sagen sei, wie Deutschland auf diesem Gebiet Schritt halten kann, auf dem es lange Zeit allein die Führung gehabt hat" (vgl. Ackermann D. 1963, S. 3).

Erst etwa zur gleichen Zeit wurde die Physiologische Chemie Prüfungsfach der ärztlichen Vorprüfung.

Anhang 12

1. Verlage: Die wesentlichen Veröffentlichungen Hoppe-Seylers nach seiner Zeit in Berlin erschienen im August Hirschwald Verlag Berlin und im Verlag Karl J. Trübner, Straßburg. Die ausgedehnte, besonders mit K. J. Trübner (später Walter de Gruyter Verlag) geführte hinterlassene Korrespondenz ist bisher nicht erfasst worden.

2. Eugen von Gorup-Besánez: Der Leiter des Chemischen Universitäts-laboratoriums Erlangen begrüßt in einem ausführlichen Schreiben die Einrichtung eines Archivs für Physiologische Chemie. Von Gorup-Besánez verfasste eine Anzahl von Lehrbüchern der Physiologischen Chemie und führte u. A. Untersuchungen über den Blutfarbstoff durch.

3. Der polnische Arzt und Chemiker Marceli (oder Marcel) Wilhelm von Nencki war ein Schüler von Adolf von Baeyer am Gewerbeinstitut in Berlin, später Professor für Medizinische Chemie in Bern und schließlich in St. Petersburg, wo er das Kaiserliche Forschungsinstitut leitete. Durch Arbeiten über den Blutfarbstoff hatte er mit Hoppe-Seyler Kontakt. Er arbeitete auch über Chlorophyll. Marceli Nencki plante die Gründung einer Zeitschrift (eines Archivs) für Biologische Chemie und stand daher einer konkurrierenden Zeitschrift für Physiologische Chemie kritisch gegenüber. Professor Richard Leo Maly, ein Chemiker (1839–1894) an der Universität Innsbruck, war eine Zeitlang Mitherausgeber der Hoppe-Seyler'schen Zeitschrift. Er argumentierte in zahlreichen Briefen (Maly R.L. Briefe) an Hoppe-Seyler für das Vorhaben Nenckis. Schließlich legte er offensichtlich verärgert seine Herausgeberfunktion für die Hoppe-Seyler' sche Zeitschrift nieder.

4. Populärwissenschaftliche Arbeiten (Hoppe-Seyler 1858/1871), beispielsweise „Über die Quellen der Lebenskräfte" (ein Vortrag, zu dem ihn Rudolf Virchow veranlasst hatte). Er stand in brieflicher Verbindung mit den Herausgebern verschiedener populärwissenschaftlicher Zeitschriften *(Westermanns Monatshefte, Gartenlaube, Universum)*. Manuskripte oder Entwürfe befinden sich nicht im Nachlass.

Literatur

Ackermann D (1959) Über die Entwicklung der Physiologischen Chemie bis zum Anfang dieses Jahrhunderts. Die Medizinische 7:303–307

Ackermann D (1962) Biogene Amine und andere Inhaltsstoffe der Tier- und Pflanzenwelt. Berichte der Physikalisch Chemischen Gesellschaft Würzburg 70:1

Ackermann D (1963) Streiflichter der Erinnerung. Hippokrates 34(7):3

Gorup-Besánez Eugen Frh. v. (1877 2.6.) Erlangen: Brief an Hoppe-Seyler

Handbuch (1858–1862) Hoppe-Seyler/Thierfelder): Anleitung zur pathologisch-chemischen Analyse für Ärzte und Studierende. Berlin: Verlag von August Hirschwald. UAT S 145/6,12 Erste bis zehnte Auflage (Die zehnte Auflage (1933–1966) umfasst 6 Bände in 10 Teilbänden)

Hoppe-Seyler F (Juni 1877 Straßburg) Vorwort zu Band 1 der Zeitschrift für Physiologische Chemie S 3

Hoppe-Seyler F (1881) Physiologische Chemie Berlin August Hirschwald UAT S 145/6,19

Hoppe-Seyler F (1858/1871) Vorträge über die Spektralanalyse E.G. Carl Habel Luederitsche Verlagsbuchhandlung

Maly RL. 14 Briefe an Felix Hoppe-Seyler UAT 768/260

Nencki M (1880, 16.7. Bonn: Brief an Hoppe-Seyler)

Pflüger E (1868–1885: 17 Briefe an Hoppe-Seyler) 768/306

Kapitel 13: Hoppe-Seylers Forschungsschwerpunkte

1893 wurde Hoppe-Seyler korrespondierendes Mitglied der französischen „Académie de Médecine" – unter den herrschenden politischen Verhältnissen eine hohe Ehre für einen Deutschen der im Elsass arbeitete. Zu dieser Ernennung liegt ein Konzept, ein noch zu verbessernder Entwurf einer Selbstdarstellung (in französischer Sprache) vor. (Felix beherrschte die Sprache durch den Unterricht bei seiner Schwester Clara Seyler (Kapitel 3: Die Adoptiveltern und die Francke' schen Stiftungen) und seine lange Tätigkeit im Elsass). Es ist wahrscheinlich, dass er sich mit einem später endgültig abgefassten Schreiben bei der berühmten Gesellschaft vorstellte. Er beginnt damit mitzuteilen, dass er Doktor der Medizin und der (Natur-)Wissenschaften sei. Er leite als Professor der Physiologischen Chemie und als Direktor das Physiologisch-Chemische Institut der Universität Straßburg. Es folgt die Aufzählung von Mitgliedschaften in zahlreichen Wissenschaftlichen Gesellschaften verschiedener Länder (Anhang 13.1). Schließlich beschreibt er kurz seine Forschungsthemen und weist auf Zeitschriften hin, in welchen seine Arbeiten publiziert wurden.

Entwurf: „*Durch meine Arbeiten habe ich versucht die chemische Zusammensetzung des Blutes, der lebenden Zellen und die Bedingungen der Oxydation zu klären. Eine Reihe von Arbeiten, beginnend in 1856, betreffen hauptsächlich Forschungen über das im Blut enthaltene, im lebenden Organismus zirkulierende Gas, die chemische Zusammensetzung des Oxyhämoglobins, des an Kohlenoxyd gebundenen Hämoglobins, Substanzen die durch die Analyse [?] des Hämoglobins entstehen und ihre spektroskopischen Charakteristika im zirkulierenden Blut und außerhalb des Organismus. Eine andere Reihe von Untersuchungen*

© Springer-Verlag GmbH Deutschland, ein Teil von Springer Nature 2022
G. Hoppe-Seyler, *Physiologische Chemie. Das Leben Felix Hoppe-Seylers*,
https://doi.org/10.1007/978-3-662-62002-1_13

behandelt Phänomene der Fermentation, hauptsächlich der Purifikation [Fäulnis], indem die chemische Aktivität in den lebenden Zellen der Pflanzen, Tiere und des Menschen verglichen werden. Die Übereinstimmung der chemischen Struktur von Zellen sehr verschiedenen Ursprungs wird durch die Tatsache bewiesen, dass bis zum Tode der Organismen Globulin, Lecithin, Cholesterin niemals fehlen. Angeschlossen an diese Forschungen sind Beobachtungen zur Aufklärung der Aktivität des durch naszierenden Wasserstoff produzierten Sauerstoffs.

Andere Forschungen betreffen [1] Experimente über die menschliche Atmung mit Hilfe von einem, nach dem vollständig entworfenem und geprüftem Prinzip des berühmten Arztes V. Regnauld konstruierten Apparates 2) Experimente über die Atmung der Fische und schließlich 3) Über die schweren Störungen, die bei Sauerstoffmangel den Organismus der Tiere [betreffen]" (Hoppe-Seyler Felix, Entwurf; Übers. Verfasser).

Es handelt sich um einen ersten Versuch einer Selbstdarstellung, die Felix Hoppe-Seyler natürlich nicht nur sprachlich weiter bearbeiten wollte.

Forschungen über die Physiologie und Chemie des roten Blutfarbstoffs machten Hoppe-Seyler berühmt. Sie entstanden aus einer lebenslangen Neugier, die den Gaswechsel der Säugetiere, der Fische, niederer Tiere und Pflanzen betraf. Seine Fragestellungen gingen von einfachen ärztlichen oder biologischen Beobachtungen aus und führten zur Entwicklung von chemischen Nachweisverfahren, zur Konstruktion geeigneter Untersuchungsapparate (Abb. 1) und zu neuen physiologisch-chemischen Analysemethoden. In (Abb. 2) stellt Felix Hoppe-Seyler in einer Zeichnung das Prinzip der Hämoglobinbestimmung durch Farbvergleich (meist mit CO-Hämoglobin) dar. In der Regel hat er selbst die ersten Zeichnungen seiner Erfindungen hergestellt.

Grundsätzlich liegt diese Messtechnik auch der Hoppe-Seyler'schen Doppelpipette (Abb. 3) (vgl. Domarus 1921) (die nie praktische Bedeutung erhielt) zugrunde. Die Bestimmung des Hämoglobins erfolgt allerdings außerordentlich genau. Praktisch für medizinisch- diagnostische Zwecke hat sich allein der einfache Vergleich mit einem Farbstandard durchgesetzt. Felix' Sohn Karl Georg Hoppe-Seyler (Kapitel 17: Die Familie, Wasserburg am Bodensee) soll an Versuchen fast verzweifelt sein, die Doppelpipette seines Vaters für Bestimmungen am Krankenbett zu modifizieren (Hoppe-Seyler K.G. 1895–1896). Maike Vollmer (Vollmer Maike 1993) hat nicht nur „Die Entwicklung der Hämoglobinometrie und ihrer Methoden" beschrieben, sondern geht auch ausführlich auf die methodischen und apparativen Entwicklungen ein die Felix Hoppe(-Seyler) zu verdanken sind. Sie weist darauf hin, dass physikalische Untersuchungsmethoden wie die

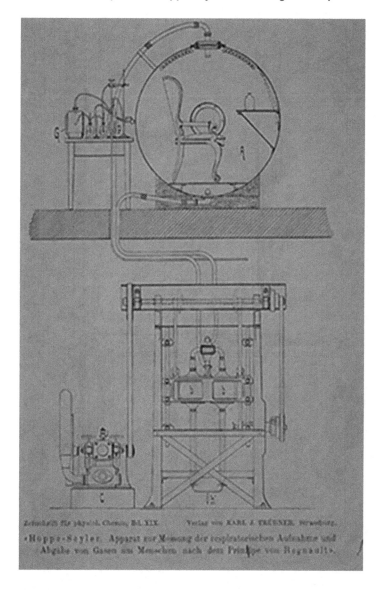

Abb. 1 „Apparat zur Aufnahme und Abgabe von Gasen am Menschen". Druckfahne mit handschriftlichen Korrekturen des Autors

Circumpolarisation, die Spektralanalyse, Gasanalyse und der später von Karl von Vierordt und Gustav von Hüfner weiter entwickelten Kolorimetrie von ihm in die Physiologische Chemie eingeführt wurden. Hoppe-Seyler war (wie sein Bruder Carl Hoppe) (Kapitel 1: Die Familie) ein außergewöhnlich

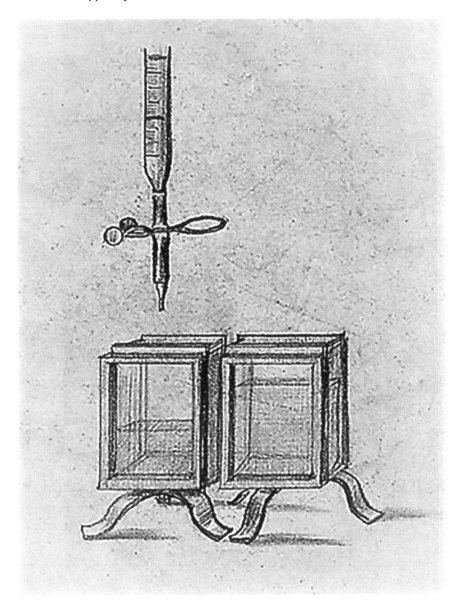

Abb. 2 Hämoglobinbestimmung durch Farbvergleich Handbuch der Physiologisch-
und Pathologisch-chemischen Analyse 5. Auflage 1883

begabter Konstrukteur. Die in Tübingen und Straßburg mit ihm zusammen-
arbeitenden Institutsmechaniker standen mit ihm in sehr engem freund-
schaftlichem Verhältnis.

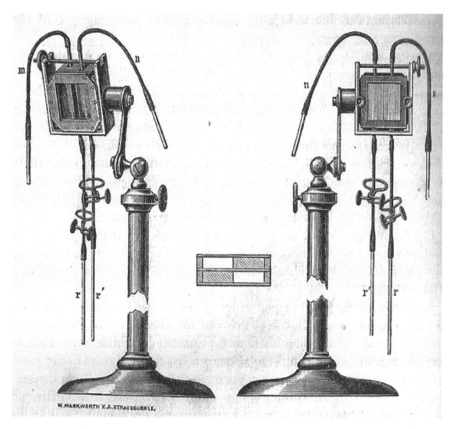

Abb. 3 Hoppe-Seyler Doppelpipette(Domarus Alexander v. 1921): Methoden der Blutuntersuchung. S. 18 Springer- Verlag Berlin Heidelberg GmbH Bild 41 Handbuch der Physiologisch- und Pathologisch-chemischen Analyse 5. Auflage 1883

Seine ersten Arbeiten betrafen allerdings die noch neuen Diagnoseverfahren der Perkussion und Auskultation. Über die physikalischen Grundlagen für die registrierten Schallphänomene existierten im Wesentlichen nur Meinungen. Hoppe führte eine Reihe von Experimenten durch, die die Schallleitung im entzündeten Gewebe und in der Brustwand simulierten (Hoppe Felix 1854a und b). Gut vorbereitet als Schüler der Physiologen Weber gelangte er zu Ergebnissen die zu Diskussionen mit Josef von Skoda führten. Von Skoda war durch seine 1839 veröffentlichte Abhandlung (Baumann E, Kossel A (1895–1896), Skoda J. v. 1839) über die Diagnostik von

Erkrankungen der Thorax-Organe unbestritten der Fachmann auf diesem Gebiet.

Arbeiten von Hoppe (-Seyler), die sich mit Störungen der Atemfunktion befassten, erschienen 1857. Es gelang ihm, durch die Kombination von pathologisch- anatomischen und physiologischen Beobachtungen die Todes-ursache bei Caissonarbeitern und Tauchern nach schnellem Wechsel des Luftdrucks aufzuklären. Er war der Erste der die Entstehung von Gasblasen in den Blutgefäßen als Pathomechanismus der Taucher-(Caisson-) Krankheit erkannte (Hoppe 1857a). Robert Boyle hatte allerdings bereits etwa 1670. als Ursache für die Krankheitszeichen und den Tod seines Versuchstieres nach Verminderung des Luftdrucks in einer Druckkammer im Auge einer Schlange eine sich lageabhängig bewegende Gasblase bemerkt.

Die Grundlage für eine wirksame Therapie durch hyperbare Oxigenierung fußt auf Hoppe(-Seylers) Erkenntnissen. Deshalb findet man in älteren Lexika die Druckentlastungskrankheit auch als „Hoppe-Seyler'sche Krankheit" (Thiele 1980).

Nebenbemerkung: In Hoppes ersten Forschungen ist eine Beziehung zu den Entdeckungen Rudolf Virchows zu erkennen. Die Suche nach Embolien und Thrombosen als Ursache unklarer Todesfälle war sicher in dem Institut ihres Entdeckers ein wichtiger Teil der Autopsie. Es lag nahe, bei entsprechenden Unglücksfällen auch an eine (Gas-)Embolie zu denken. Hoppes erste (lateinische) Probevorlesung an der Universität in Greifswald beschäftigte sich mit dem Fibrin, welches für die Entstehung und für die Diagnose der von Virchow entdeckten Thrombose- und Emboliegenese eine zentrale Rolle spielt und Gegenstand seiner Habilitation war. Im gleichen Jahr erschienen Publikationen zur Ursache der Kohlenmonoxid Vergiftung (Hoppe Felix 1857a, b, 1858) Hier waren die Beobachtungen eines Arztes aus den Schlesischen Kohlegruben der Anlass. Neben der kirschroten Farbe der Schleimhäute war diesem auch die auffällig hellrote Farbe des durch Herzpunktion tödlich verunglückter Bergleute gewonnenen Blutes auf-gefallen. Durch Untersuchungen in einem mit einer Luftpumpe erzeugten Vakuum wies Hoppe-Seyler die im Vergleich zu Sauerstoff stark erhöhte Bindung des toxischen Gases an den Sauerstoffträger als Ursache nach. Die Untersuchungen von Claude Bernard, (um 1846 an Hunden) die zu den gleichen Ergebnissen führten, scheint er nicht gekannt zu haben.

Das (nach dem Prinzip von Bunsen und Kirchhoff konstruierte) Spektro-skop (Abb. 4) änderte Hoppe(-Seyler) so ab, dass es sich in Kombination mit einem Heliostaten für eine genaue Charakterisierung verschiedener Farbstoffe im Spektrum (Abb. 5) des Sonnenlichtes eignete. Dabei stellte er 1860/1861 die *„auffallende starke Absorption, die der Blutfarbstoff für*

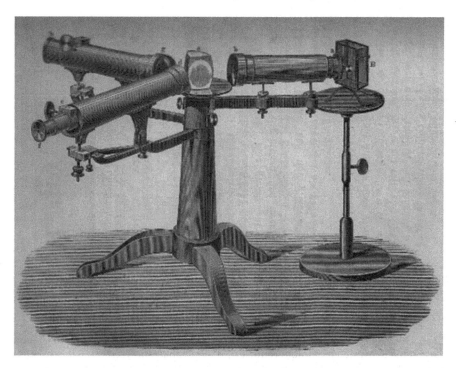

Abb. 4 Spektroskop. Dieses Instrument befand sich auf dem Dachboden von Hoppe-Seyler Haus in Wasserburg. Handbuch der Physiologisch- und pathologisch-chemischen Analyse 5. Auflage 1883

das Licht zweier distinkter Stellen im Gelb- und Grünbereich des Spektrums" (Hoppe 1862) aufwies, fest. Identische Spektren findet er für Menschen, Hunde und Rinder.

Sehr verbreitet zu finden ist die Bezeichnung „Entdecker des Hämoglobins" für Felix Hoppe-Seyler. Er schreibt aber selbst: *„Die ersten guten Beobachtungen über den Blutfarbstoff rühren von Berzelius her, welcher einige Reaktionen desselben gut beschreibt ..."*Berzelius nannte den gelösten Farbstoff Hämatoglobulin"* (Hoppe-Seyler Felix 1867). Hoppe-Seyler weist darauf hin, dass später zum Beispiel Jean Baptiste Dumas, Karl Gotthelf Lehmann Hämatin (ein Abbauprodukt des Hämoglobins das durch Säureeinwirkung entsteht und z. B. die Farbe des „Teerstuhls verursacht) als den Blutfarbstoff identifizierten. Er nennt auch Karl B. Reichert und Ernst von Leyden, die Kristalle beobachteten. Er schreibt: *„[Albert] Kölliker vermerkt am Rande, dass er Blutkristalle bei Menschen und Tieren sah."* Allerdings sind die wichtigsten Schritte zur Erforschung des Hämoglobins erst von Felix Hoppe-(Seyler) durchgeführt worden. Sie wurden in fünf Ver-

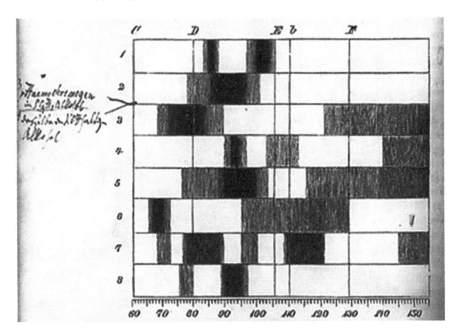

Abb. 5 1 Oxihämoglobin 2 Hämoglobin 3 Hämatin in verdünnter Natronlauge gelöst, 4 mit Schwefelammonium reduziert, 5 mit Cyankalium versetzt, 6 in schwefelsaurem Alkohol gelöst und und durch Wasser gefälltes eisenfreies Hämatin. 7 Spektrum des Hämatins in sehr verdünnter Sodalösung, 8 in schwefelsaurem Alkhol. Felix Hoppe-Seyler trägt handschriftlich den Ort für das Hämochromogenspektrums ein. Hämochromatin und CO-Hämoglobin sind von Hoppe-Seyler entdeckt worden Hämatin ist für die schwarze Farbe des Teerstuhls verantwortlich und entsteht durch Säureeinwirkung sauf Hämoglobin. Handbuch der Physiologisch- und pathologisch-chemischen Analyse).Vierte Auflage 1870 und Hoppe-Seyler Felix !881, S. 388.

öffentlichungen in den *Medicinisch-Chemischen Untersuchungen aus dem Laboratorium für angewandte Chemie zu Tübingen* zusammengefasst (Hoppe-Seyler Felix 1866a). Auch die ersten, noch vermuteten Zusammenhänge zwischen dem Stoffwechsel des Hämoglobins und dem der Porphyrine und des Bilirubins waren bereits Gegenstand seiner Untersuchungen (Hoppe-Seyler 1866b). Später beschäftigte er sich auch mit der hämoglobinähnlichen Konstitution des Chlorophylls und seiner Derivate.

Merkwürdigerweise fehlt unter Hoppe-Seyler Zitaten der Physiologische Chemiker Friedrich Wilhelm Hünefeld, der 1827 bei Berzelius in Stockholm gearbeitet hatte und in Greifswald noch während der Zeit von Hoppes Prosektur forschte. Hünefeld weist in seinem *Lehrbuch der Physiologischen*

Chemie (1844) *„auf das Blutrot als den Körper der die Luft absorbiert enthält"* hin. (Bohley 2009; Walther 2014). Und natürlich war Hoppe-Seyler mit den Untersuchungen seines Freundes Otto Funke, der aus Milzvenenblut rotgefärbte Kristalle erhielt, vertraut.

Die Zusammenstellung „Die Blutkrystalle" von William Thierry Preyer (1871) lässt erkennen wie sehr die Frage nach der Natur des Blutfarbstoffs im Mittelpunkt von Untersuchungen stand.

Felix Hoppe-Seyler war aber der Erste, der fast reines, kristallines (Oxy-) Hämoglobin isolierte (Abb. 6) Deshalb konnte er beweisen, dass alle genannten früheren Beobachter tatsächlich Hämoglobin niemals aber ausreichend reine Kristalle des Blutfarbstoffs vor sich hatten. Unter der Annahme, ein verunreinigtes Protein von einer roten Verunreinigung zu befreien, wurden ergebnislose Versuche angestellt. Das eigentliche Molekül, das den Namen Oxihämoglobin, trägt, hat Felix Hoppe-Seyler entdeckt. 1959 konnte Max Perutz die Struktur des Proteins Hämoglobin beschreiben.

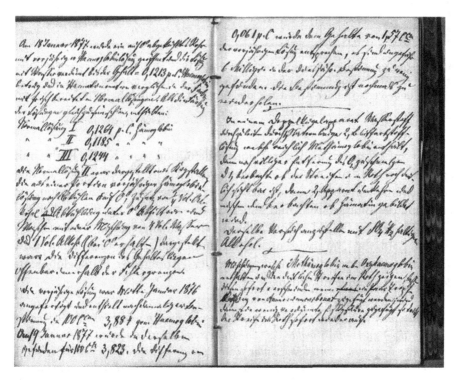

Abb. 6 Protokoll zur Darstellung von Oxihämoglobinkristallen Notizbuch Felix Hoppe-Seyler (1882)

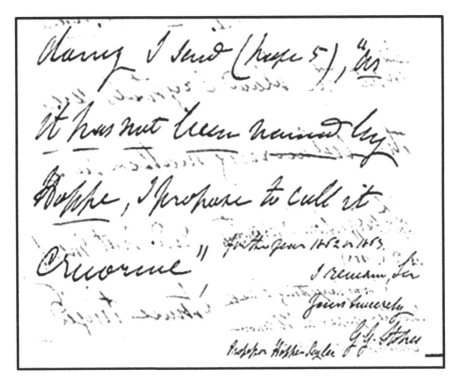

Abb. 7 George Gabriel Stokes schreibt am 11.03.1865 an F. Hoppe -Seyler Er unterstreicht, dass in Hoppe-Seyler Arbeit von 1862 der Blutfarbstoff noch namenlos war (wie er dem Verlag seiner Arbeit mit der von ihm gewählten Bezeichnung Cruorin mitteilte)

Man muss, wenn man der Prioritätsdefinition von K. E. Rothschuh und H. Kreidel (Anhang 13.2) folgen würde, Felix Hoppe-Seyler als den Forscher ansehen, der die ersten sicheren Hinweise auf die Konstitution, die Funktion des Blutfarbstoffs und seinen Stoffwechsel im Organismus lieferte. Eine Bemerkung Karl E. Rotschuhs der in umfangreichen Studien einer großen Zahl von Naturwissenschaftlern und Medizinern bedeutende Entdeckungen zuordnete, könnte zur Frage der Priorität der Hämoglobinentdeckung herangezogen werden:

„Wenn man die Priorität für die Erkenntnis eines physiologischen Vorgangs demjenigen zuerkennen wollte der eine Auffassung zuerst aussprach, so ließe sich für jede Erkenntnis ein älterer Autor finden bei dem ein solcher Gedanke schon anklingt, beiläufig erwähnt oder klar ausgesprochen ist. Doch sollte man stets

Demjenigen die Priorität einer Entdeckung zuschreiben, der einen Zusammenhang nicht nur vermutet oder aussprach, sondern durch sichere Beweise erhärtet und darüber hinaus vor allem die Tragweite einer Entdeckung erkannt hat" (Rothschuh 1952).

Die Entdeckung der reversiblen Oxigenierung des Hämoglobins schreibt Perutz, der die Geschichte der Entdeckung des Hämoglobinspektrums darstellt, George Gabriel Stokes zu:

„[Felix Hoppe-Seyler] failed to notice the difference between the absorbtion spektra of arterial and venous Blut and between carbo- and carbomonoxyhämoglobin."

Und er fasst dann zusammen:

„With their analyses Hoppe-Seyler and Stokes laid more than 100 years ago the groundwork for subsequent research on the structure and function of haemoglobin and related molecules" (Perutz 1995, S. 450).

George Gabriel Stokes, Lucasian Professor of Mathematics (!) an der Universität Cambridge, fand 1864, dass sich das von Hoppe entdeckte spezifische Spektrum des Oxihämoglobins durch Zugabe reduzierender Lösungen änderte (Stokes 1864) und beschrieb das Spektrum des Hämoglobins. Hoppe hatte wohl die Veränderungen des Spektrums bemerkt, aber nicht weiter beachtet (Hoppe-Seyler 1881). Stokes nannte die Substanz Cruorin („Cruor" ist das Leichengerinnsel) Seine Untersuchungen betrafen Blutfarbstoff aus Schaf- oder Ochsenblut-Gerinnseln.) (Hoppe-Seyler F. 1881; Stokes G. 1864). Stokes hatte, wie er in einem Brief am 11. März 1865 an Hoppe-Seyler mitteilt, den entsprechenden Band der *Virchow Archive* mit dem Vorschlag Hoppe-Seyler, die von ihm isolierte Substanz Hämatoglobulin (Jöns Jakob Berzelius) oder Hämoglobin zu nennen, nicht rechtzeitig erhalten und daher nicht gekannt. Ihm war also nur Hoppes Arbeit aus dem Jahre 1862, in der Hämoglobin noch namenlos war bekannt (Abb. 7)....*„When I wrote my Paper on blood I had only seen the first of your papers in which you had not given any name to the coloring matter. I wanted a name for my purposes and accordingly I gave it the name cruorine"*. In einem weiteren Brief (Stokes 1865a, 11.3) weist Stokes darauf hin, dass er sich bis zur Isolierung reiner Hämoglobinkristalle durch Hoppe auf die Auffassungen Karl Gotthelf Lehmanns und Otto Funkes bezog, die sich bemüht hatten, die ihrer Meinung nach „rote Beimengung" der farblosen Eiweißkristalle (Stokes 1865b) abzutrennen. Unter der Voraussetzung, dass es sich tatsächlich um eine von Hoppe isolierte Reinsubstanz handelte, war er mit der Namensgebung einverstanden. Und später: „*... As the name itself, haemoglobin is certainly appropriate, if it be certain that the blood crystals are the colouring matter in a state of purity and not merely a colourless substance [tinged?]*" *(Stokes G.* 1864) Hämatoglobulin oder einfacher Hämoglobin (Hoppe-Seyler 1867), der Name, den Hoppe wählte, setzte sich letztendlich durch.

Felix Hoppe-(Seyler) hatte 1864 beschrieben, dass er, rotgefärbte (!) Kristalle, die aus Blutfarbstoff und Kristallisationswasser bestanden, unter anderem aus Hundeblut erhalten habe. Sehr lange Zeit waren die Bemühungen der Forscher im Schlosslabor erfolglos gewesen. Die Charakterisierung einer neuen Substanz war damals eigentlich nur über die Gewinnung von sehr reinen Kristallen möglich. In den kalten, dunklen, schlecht heizbaren Räumen des Tübinger Schlosses war es im Winter sehr ungemütlich. Man erzählt, dass die Forscher nach zahlreichen Versuchen frustriert beschlossen, einen kurzen Urlaub einzulegen. Der Ansatz zur Kristallisation wurde auf dem Balkon vergessen. Als sie zu ihrer Arbeit zurückkehrten, fanden sie überrascht, dass sich große Mengen glitzernder roter Kristalle gebildet hatten. In jedem Protokoll zur Gewinnung von Oxihämoglobinkristallen hebt deshalb Hoppe-Seyler hervor, dass die Kristallbildung nur bei Temperaturen von unter 0 °C möglich sei (Abb. 3). Also nur im Winter, denn Kühlschränke gab es nicht (Ackermann Dankwart 1962, persönliche Mitteilung).

Die Frage nach dem Ort der Oxigenierung im Organismus wurde von Hoppe-Seyler in einfachen Experimenten wahrscheinlich gemacht. Er wies 1866 nach, dass nicht etwa Substrate aus dem Gewebe durch die Gefäßwand in das Blut gelangen und dort oxydiert werden, sondern zeigte in geschickt angelegten Versuchen an Hunden, dass Sauerstoff durch die Gefäßwand und in das Gewebe gelangt (Hoppe-Seyler 1867); Der Ort der Oxigenierung war also nicht hauptsächlich das Blut. Wie viele Andere (zum Beispiel Carl Ludwig) glaubte Eduard Pflüger (1875) lange Zeit an das Blut als Ort des „Intermediärstoffwechsels". Durch sein Experiment mit dem „Salzfrosch" – einem entbluteten, mit einer Salzlösung durchströmten Frosch dessen Stoffwechsel erhalten blieb, widerlegten er und sein Mitarbeiter Ernst Oertmann (Oertmann E. 1877) diese Ansicht. Pflüger gilt auch unter Berücksichtigung später durchgeführter Untersuchungen als Entdecker der Gewebeatmung. (Pflüger Eduard 1872). In den angelsächsischen Ländern werden dagegen häufig George Gabriel Stokes oder Charles Alexander Mac Munn als maßgebliche Entdecker der Gewebeatmung genannt.

Für seine Zeitschrift und für die in seinem Institut gewonnenen Ergebnisse war allein Hoppe-Seyler verantwortlich. Kein Befund, keine zu publizierende Arbeit sollte mit seinem Namen verbunden sein, wenn er sie nicht persönlich beurteilt und dann wenn sie von großer Bedeutung oder zweifelhaft erschien durch eigene Untersuchungen überprüft hatte. So veranlasste ihn der hohe Phosphatgehalt des Nukleins obwohl er die überaus sorgfältige Arbeitsweise Mieschers kennengelernt hatte zu der für den so dringend Wartenden und für seinen Onkel Wilhelm His unverständlichen Verzögerung der Veröffentlichung über die neu isolierte Substanz. Hoppe (-Seyler) muss sofort erkannt haben, dass etwas ganz Besonderes entdeckt worden war. Es stellt sich aber die Frage ob Misstrauen, ein sehr hohes Ansehen auf einem Wissenschaftsgebiet und die Überzeugung von besonderen eigenen Fähigkeiten nicht zu vermeidbaren Fehlern führen können.

Die folgenreiche Fehlinterpretation der Befunde eines irischen Arztes und Forschers darf nicht allein Hoppe-Seyler Doktoranden Ludwig Levy (1889) zugeschrieben werden. Sie beruht im Wesentlichen auf einer Vernachlässigung eigener Regeln für die Beurteilung von neuen und überraschenden Befunden.

Auf einem Gebiet, das Hoppe-Seyler zum Teil selbst entwickelt und mit großem Erfolg bearbeitet hatte – der Spektralanalyse biologischer Farbstoffe –, führte ein irischer praktischer Arzt sehr einfache spektroskopische Untersuchungen an Geweben durch. Er hatte bereits Spektra von Porphyrin-Abkömmlingen im Gewebe von niederen Seetieren und Würmern beschrieben und ein Buch über die Spektralanalyse verfasst. Hoppe-Seyler war nicht frei von der damals unter Wissenschaftlern nicht seltenen Ansicht, dass eigene Forschungsgebiete „das Gehege" (s. auch Ludwig an Hoppe-Seyler, Kapitel 15: Der Universitätslehrer, seine „Schüler" und weitere Mitarbeiter Brief v. 02.06.1865) gelegentlich eifersüchtig verteidigt werden mussten. Sein Brief an Miescher, mit dem er diesen bittet zu seinen eigenen Untersuchungen über Nuklein in der Hefe, in den Kernen der Blutzellen verschiedener Tieren usw. Zustimmung zu geben als er selbst die Absicht hatte über das Vorkommen von Nuklein zu forschen zeigt das Felix Hoppe-Seyler es für selbstverständlich hielt so zu verfahren (Miescher Friedrich 1897).

In Dublin leitete der Internist William Stokes das Meath Hospital. Bei ihm begann Charles Alexander Mac Munn (Anhang 13.3) seine ärztliche Ausbildung. Mac Munn wurde ein bei seinen Patienten beliebter Arzt. Mac Munns Leidenschaft aber war die biologische Forschung. William Stokes riet dem jungen Kollegen, bei seinem berühmten älteren Bruder George Gabriel

Stokes Erfahrungen zu erwerben. Bei ihm lernte Mac Munn die Spektro-skopie kennen. Er gewann in Cambridge Einblick in die Methoden und Arbeitsweise des Forschers, der den am höchsten angesehenen Lehrstuhl Englands vertrat.

Mac Munn ließ sich schließlich als Praktischer Arzt in Wolverhampton nieder (MacDonagh Marese 2014: *The Irish Times*). Trotz der Beanspruchung durch eine hohe Zahl von Patienten setzte er Unter-suchungen von biologischer Farbstoffe mithilfe eines selbst modifizierten Spektroskops und mit einem Browning' schen Taschenspektroskop an dünnen, komprimierten Gewebeschnitten fort. In Ermangelung eines Laborraumes experimentierte er in einem scheunenartigen Nebengebäude seines Hauses. Als Hoppe-Seyler die Ergebnisse des unter einfachsten Ver-hältnissen forschenden Arztes über hämoglobinähnliche Spektren in der Muskulatur von Tauben zur Veröffentlichung in der *Zeitschrift für Physio-logische Chemie* erhielt, veranlasste er seinen Doktoranden Ludwig Levy Mac Munns Ergebnisse nachzuprüfen. In einem Heft der *Zeitschrift für Physio-logische Chemie* erschienen daher die Arbeit Mac Munns 1889a) und eine Untersuchung Levys (Levy Ludwig 1889), die Mac Munns Befunde zu widerlegen schien. Peter Karlson (Karlson Peter 1977) zitiert und diskutiert eingehend die von Mac Munn mit Zurückhaltung zusammengestellten Befunde für das Vorkommen eines bis dahin nicht entdeckten speziellen Histochromatins, das er Myohämatin nannte und die von Felix Hoppe-Seyler mit großer Schroffheit vertretenen Gegenargumente. Mac Munn hat ohne Erfolg versucht, seine Auffassung durch Briefe (Mac Munn 1889b) an Hoppe-Seyler zusätzlich zu unterstützen (siehe Abb. 8). Er hatte bereits vermutet, da sich das Spektrum des Myohämatins unter dem Einfluss von oxydierenden Substanzen änderte (verdunkelte oder ganz verschwand) *„dass diese in den Muskeln vorkommende Farbstoffe der Respiration der Organe vor-stehen und er nannte sie daher respiratorische Pigmente". (Levy Ludwig* 1889, *S. 312):*

Hoppe-Seyler unterstrich in einer weiteren Publikation (Hoppe-Seyler 1890) seine Überzeugung, dass in der Muskulatur (von Tauben) keine sogenannten Myohämatine nachweisbar sind, sondern Hämoglobinreste und -derivate wie Hämochromogen Mac Munns Befunde vortäuschen würden. Er nahm aber eine zweite Arbeit (Mac Munn 1890) Mac Munns in die *Zeit-schrift für Physiologische Chemie* auf, in der dieser sehr klar die Gründe für die Existenz von Histohämatinen schilderte und darauf hinwies, dass auch im Gewebe von Insekten, die kein Hämoglobin besitzen, die gleichen von ihm beschriebenen Spektra nachweisbar sind. Diese Publikation versah Hoppe-Seyler mit einen scharf formulierten Zusatz, in dem er jede weitere Diskussion über die Befunde Mac Munns für beendet erklärte und nachdrücklich die Existenz von Myohämatinen ablehnte.

Otto Warburg, der Felix Hoppe-Seyler als Wissenschaftler hoch einschätzte (Warburg Otto 1963), meinte, dass der als Autorität angesehene „Begründer der Biochemie" einen für ihn ganz ungewöhnlichen Fehler beging. (Anhang 4) Hoppe-Seyler folgte dieses Mal nicht seiner eigenen Regel, alle auffälligen oder zweifelhaften Befunde vor der Publikation persönlich experimentell zu überprüfen. Selbst unter der Annahme, dass Mac Munn Abbauprodukte des Hämoglobins ohne physiologische Funktion nachgewiesen hatte, war der Nachweis von hämoglobinähnlichen Spektren in den Muskeln von Insekten, die kein Hämoglobin besitzen, kontrollbedürftig. Die Entdeckung der Histo-hämatine verzögerte sich um mehr als 30 Jahre (vgl. Warburg 1948) (Abb. 8).

„A solution of Myohaematin performed by Struves method is orange-red and retains its band after long exposition to the air, a solution of haemochromatin is purple and loses its band on exposition to the air. That is fatal to Levys hypothesis" (Mac Munn Charles Alexander 1889).

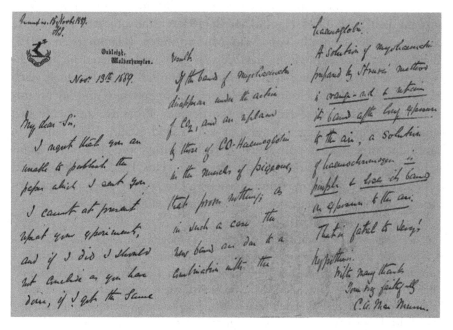

Abb. 8 Brief Mac Munns an Felix Hoppe-Seyler

Peter Karlson der sich mit diesem, wie er anmerkt, „etwas dunklen Kapitel des Wirkens Hoppe-Seyler" ausführlich beschäftigte, führt aus:

„Obwohl, wie wir heute wissen die Arbeiten [Mac Munns] sowie seine Deutungen völlig richtig waren, hat die Autorität mit der Hoppe-Seyler diese Ergebnisse in Abrede gestellt hat, alle weiteren Forschungen über Histochromatine (die heutigen Zytochrome) auf Jahrzehnte unterbunden. Wie würden sich die Vorstellungen von der biologischen Oxidation entwickelt haben, wenn damals die Existenz der ‚respiratorischen Farbstoffe' Mac Munns's allgemein anerkannt worden wäre?" *(Karlson P. 1977)*

Es liegt hier ohne Zweifel ein folgenschwerer Fehler Hoppe-Seylers vor. Hoppe-Seylers Ansehen hatte zur kritiklosen Akzeptanz eines falschen Ergebnisses geführt.

Die Befunde von Mac Munn sind aber publiziert worden. Es ist daher eher schwer zu verstehen, dass sich nachfolgende Wissenschaftler des Problems nicht oder erst sehr spät annahmen.

Allein Otto Schumm (1925), Chemiker am Labor des Krankenhauses Hamburg-Eppendorf, wiederholte und bestätigte 1925 Mac Munns Ergebnisse.

Levy (1889) selbst bemerkt, dass – besonders von Willy Kühne und Anderen – ausführlich über Muskelfarbstoffe diskutiert worden war. Man kann im Lehrbuch Olof Hammarstens (1910!) eine objektiv formulierte Schilderung der Befunde von Mac Munn finden (Hammarsten 1910) -Allerdings mit der Bemerkung dass sie von Levy und Anderen nicht nachgewiesen werden konnten. Mac Munns Ergebnisse sind also auch nach der Ablehnung durch Hoppe-Seyler zugänglich gewesen und· nicht totgeschwiegen worden. Elektronentransportierende Proteine, die heute den Namen Zytochrome tragen, sind erst von David Keilin 1923 einem in Cambridge arbeitenden polnischen Wissenschaftler und 1925 von Hans Fischer, der über Porphyrine forschte (Fischer Hans 1925) wiederentdeckt worden. Keilin hat eine zusammenfassende Darstellung über die spektroskopische Entdeckung der Zytochrome verfasst (Keilin David 1966):

In der nach seinem Tode herausgegebenen Monografie: *„The History of Cell Respiration and Cytochrome"* (1966) nimmt er kritisch zu einzelnen Interpretationen spektroskopischer Ergebnisse Stellung, bestätigt aber nachdrücklich die Ergebnisse Alexander Mac Munns. Möglicherweise bestand auch aus der Kenntnis früherer Arbeiten Mac Muns, eine gewisse Voreingenommenheit bei Felix Hoppe-Seyler. Das völlige Ignorieren des Nachweises der von Mac

Munn entdeckten Spektren in der Muskulatur von Insekten und Avertebraten die kein Hämoglobin bilden schließen endgültig aus, dass Mac Munn (wie Levy annahm) Spektren von Hämoglobinabbauprodukten (Hämochromogen) nachgewiesen hatte.

In einer Monografie geht Otto Warburg näher auf Felix Hoppe-Seylers Fehlinterpretation ein. (Warburg Otto 1948) Selbst wenn – was zu vermuten ist- das Muskelgewebe der Versuchstiere mit dem Levi arbeitete nicht absolut hämoglobinfrei zur Untersuchung verwendet wurde ist der eigentliche Fehler bei Felix Hoppe-Seyler zu suchen.

Anhang 13

1. Mitgliedschaften wissenschaftlicher Gesellschaften und Auszeichnungen: Nur ein Teil der Unterlagen und Urkunden, der sich nicht in Kiel bei Felix Hoppe-Seylers Sohn Karl Georg befand, hat die Bombennächte 1944 überstanden. Als Felix Adolf Hoppe-Seyler sein nach einem Fliegerangriff völlig zerstörtes Geburtshaus besuchte, fand sich außer einer Ordenskassette nichts Brauchbares in den Trümmern. Als er sie öffnete, lag zuoberst auf den in der Kassette befindlichen Auszeichnungen der Russische St. Annenorden (Urkunde 1865) seines Großvaters.
2. Karl Eduard Rothschuh: Der Extraordinarius für Physiologie verfasste zahlreiche Veröffentlichungen zur Geschichte der Medizin. Er bezieht sich auf die Prioritätsdefinition von Eduard Alois Kreidl (Wien, Vergleichende Physiologie), einem Schüler des Physiologen Ernst Wilhelm von Brücke. Kreidel wurde mit Arbeiten zur Theorie des Hörens berühmt.
3. Charles Alexander Mac Munn, Oakleigh Wolverhampton: Der Praktische Arzt, der auch im Städtischen Krankenhaus arbeitete und sehr engagiert neben seiner großen Praxis spektroskopische Forschungen durchführte, entdeckte die Spektren der heute Zytochrom genannten Atmungsfermente in der Muskulatur von Tauben. Er nahm später am Burenkrieg teil. Charles Alexander Mac Munn hat während seiner Lebenszeit wenig Anerkennung gefunden. Er wurde aber nach seinem Tode ein Volksheld, dessen Namen in Irland Forschungsgebäude (z. B. in der Stadt Easkey) tragen: „Easkey man gave up his research for the Boer War after his findings were rubbished" MacDonagh Marese The Irish Times (Mon. Sept.1, 2014). Mac Munn spielte in den Buren Kriegen eine Rolle als hochdekorierter Stabsoffizier.

4. Dankwart Ackermann dem ich die Gelegenheit zu einem kurzen Gespräch mit Otto Warburg anlässlich der „Gemeinsamen Tagung der Deutschen, Schweizerischen und Französischen Biochemiker 1963" in Straßburg verdanke, war allerdings nicht der Meinung, die Warburg vertrat Mit feiner Zurückhaltung und Höflichkeit lehnte er es ab, die Ursache für Hoppe-Seylers Fehler darin zu sehen: „wenn man sich auf seine Mitarbeiter verlässt…"

Literatur

Ackermann D (1962) persönliche Mitteilung

Baumann E, Kossel A (1895–1896) Zur Erinnerung an Felix Hoppe-Seyler. Z Physiol Chem 21:[108ff] I–LXI S 31–33

Bohley P (2009) Das Schlosslabor in der Küche von Hohentübingen, Wiege der Biochemie. 8–22. Der faire Kaufladen (Bruno Gebhardt-Pietsch)

Domarus Av (1921) Methoden der Blutuntersuchung. Springer, Berlin, S 18

Fischer H (1925) Z Physiol Chem 144:101

Hammarsten O (1910) Lehrbuch der Physiologischen Chemie, 7. Aufl. Bergmann, Wiesbaden S, S 282

Hoppe F (1854a) Ueber die Stimmvibrationen des Thorax bei Pneumonie Archiv für pathologische. Anatomie und Physiologie und für klinische Medicin 8:250–260

Hoppe F (1854b) Zur Theorie der Percussion. Archiv für pathologische Anatomie und Physiologie und für klinische Medicin 6:143–174

Hoppe F (1857a) Ueber den Einfluss welchen der Wechsel des Luftdruckes auf das Blut ausübt. Archiv für Anatomie, Physiologie und wissenschaftliche Medicin 63–73

Hoppe F (1857b) Ueber die Einwirkung des Kohlenoxydgases auf das Hämatoglobulin. Archiv für pathologische Anatomie und Physiologie und für klinische Medicin 11:288–229

Hoppe F (1858) Ueber die Einwirkung des Kohlenoxydgases auf das Blut. Archiv für pathologische Anatomie und Physiologie und für klinische Medicin 13:104–105

Hoppe F (1862) Ueber das Verhalten des Blutfarbstoffes im Spectrum des Sonnenlichtes. Virchows Arch 23:446–449

Hoppe- F (1866b) Med Chem Untersuch 4(1871):549–550

Hoppe-Seyler F (1866a) Med Chem Untersuch 1, 133, 2, 169, 293, 3, 366, 4, 523

Hoppe-Seyler F (1867) Beiträge zur Kenntnis des Blutes und Wirbeltiere. Med Chem Unters 2:176

Hoppe-Seyler F (1881) Physiologische Chemie. Berlin August Hirschwald S 388

Hoppe-Seyler F (1890) Über Muskelfarbstoffe. Z Physiol Chem 14:106–108

Hoppe-Seyler F (ohne Datum) Entwurf (französisch): (Übersetzung ins Deutsche: Verfasser) UAT 768/413

Hoppe-Seyler G (1895–1896) Zur Verwendung der colorimetrischen Doppelpipette von F. Hoppe-Seyler zur klinischen Blutuntersuchung. Zeitschrift für Physiologische Chemie 21:461–467

Karlson P (1977) 100 Jahre Biochemie im Spiegel von Hoppe-Seylers Zeitschrift für Physiologische Chemie. Z Physiol Chem 358, 717–752. www.degruyter.com › downloadpdf › bchm2.1977.358.2.717.xml

Keilin D (1966) The Histology of Cell Respiration and Cytochrome. Kapitel 6 S 86–105 By the late David Keilin Cambridge at the University Press prepared for the Publ. by Joan Keilin published by the Syndics of the Cambridge, University Press

Levy L (1889) Ueber Farbstoffe in den Muskeln. Z Physiol Chem 13:309–325

Mac Munn CA (1889a) Ueber das Myohämatin. Z Physiol Chem 13:497–499

Mac Munn CA (1889b) Brief vom 13.11. an Hoppe-Seyler. UAT 768/254 Abb.8 (in diesem Zusammenhang auch Briefe 4. Nov. 1889, 17. Nov. 1889.)

Mac Munn CA (1890) Ueber das Myohämatin. Z Physiol Chem 14:328–329

MacDonagh Marese The Irish Times (Mon. Sept.1, 2014). New €17m science building at IT Sligo named in ... - Irish Times www.irishtimes.com › news › education › new-1...

Miescher F (1897) Die histochemischen und physiologischen Arbeiten von Friedrich Miescher herausgegeben von seinen Freunden. Bd 1, S 53 Brief Hoppe-Seyler an Dr. Miescher Leipzig 1870 31.10. https://archive.org/stream/b21716353/b21716353_djvu.txt

Oertmann E (1877) Pflügers Arch. 15:381

Perutz Max F (1995) Hoppe-Seyler, Stokes and Haemoglobin. Biol Chem Hoppe-Seyler 376:718–721

Pflüger E (1872) Über die Diffusion des Sauerstoffs, den Ort und die Gesetze der Oxydationsprocesse im thierischen Organismus. Pflügers Arch 6(43–64):190

Pflüger E (1875) Über die physiologische Verbrennung in den lebenden Organismen. Pflügers Arch 10:251–367

Preyer W (1871) archive.org › stream › b21714630_djvu Full text of "Die Blutkrystalle : Untersuchungen" - Internet Archive

Rothschuh KE (1952) Entwicklungsgeschichte physiologischer Probleme in Tabellenform. Urban und Schwarzenberg, S 2

Schumm O (1925) Z Physiol Chem 119:111–149

Skoda Jv (1839) Abhandlung über Perkussion und Auskultation. Mösle's Witwe & Braumüller, Wien

Stokes GG (1864) VIII On the reduction and oxidation of the colouring matter of the blood. Proceedings of the Royal Society London 1864 13:355–364 Publ. 1 January 1863. wwww.udel.edu › white › teaching › CHEM342 Stokes (1864) - University of Delaware

Stokes GG (11. März 1865a) Brief an Hoppe-(Seyler) UAT 768/391

Stokes GG (8. April 1865b) Brief an Hoppe-(Seyler) UAT 768/391

Thiele G (1980) Handlexikon der Medizin. Urban und Schwarzenberg, S 1096

St. Annen Orden U (1865) des russischen Kaisers Alexander II. (Gramota o pozhalowanii Kavalerom Imperatorskogo Ordena Swjatoj Anny III stepeni (30.09.1865). Über die Verleihung des St. Annen Ordens III. Klasse an Hoppe-Seyler, UAT, 767/ U 11, 767 U 12

Vollmer (1993) Die Entwicklung der Hämoglobinometrie und ihrer Methoden unter besonderer Berücksichtigung der Bedeutung von Felix Hoppe-Seyler

Walther R (2014) Biochemie in Greifswald in Beiträge zur Festschrift „80 Jahre Geschichte der Universitätsmedizin Greifswald 11–14. https://docplayer.org/58156339-Beitraege-zur-geschichte-der-universitaetsmedizin-greifswald-festschrift-80-jahre-biochemie-in-greifswald.html Zugegriffen: 27. Dez. 2020

Warburg O (1948) Heavy Metal Prosthetic Groups and Enzyme Action S 63 Oxfort University Press Amen house, London E.C. 4 Geoffrey Cumberlege, Publisher to the University

Kapitel 14: Diskussionen

Die Gegenstände verschiedener sehr leidenschaftlich und auch oft sarkastisch in kränkendem Ton geführten Diskussionen zwischen Hoppe-Seyler und einigen hervorragenden Forschern seiner Zeit sollen nur kurz erwähnt werden. (In Felix Hoppe-Seylers Nachlass finden sich noch nicht bearbeitete Briefe und in seinen Notizbüchern Vermerke, die sich auf diese oft heftig ausgetragenen Auffassungen physiologisch-chemischer Fragen beziehen.)

Joseph Fruton (1990, S. 72–116) hat sich besonders mit den Gegensätzen zwischen Hoppe-Seylers und Willy Kühnes Gruppen und ihren Arbeitsweisen beschäftigt. Entdeckungen beider Wissenschaftler haben grundsätzliche Bedeutung für die Entwicklung der Biochemie und Medizin. Kühne, ausgehend von Erkenntnissen aus dem Gebiet der Physiologie und Histologie, benutzte hilfsweise chemische Methoden. Bei Hoppe-Seyler stand immer das chemische Experiment im Vordergrund. Mit seinem früheren Freund (Kühne Wilhelm 1861–1865), Mitarbeiter und Nachfolger an der Charité, gerieten Auseinandersetzungen über zahlreiche neue Entdeckungen und Auffassungen nicht selten in den Bereich des Persönlichen. Hoppe-Seyler schätzte Kühne als Histologen und Physiologen. Er hielt sich selbst aber für den fähigeren Chemiker, (obwohl Kühne möglicherweise beeinflusst durch Friedrich Wöhler, dessen Vorlesungen er als Student besuchte, Chemie studiert hatte.) Es gab unterschiedliche Auffassungen über den Schwefelgehalt von Hämoglobin (Hoppe-Seyler 1866a). Hoppe-Seyler hatte kein Verständnis für Kühnes Neigung, Substanzen und Fermente des Eiweißstoffwechsels mit komplizierten Namen zu versehen. Kühne hielt die Abspaltung von

© Springer-Verlag GmbH Deutschland, ein Teil von Springer Nature 2022
G. Hoppe-Seyler, *Physiologische Chemie. Das Leben Felix Hoppe-Seylers*,
https://doi.org/10.1007/978-3-662-62002-1_14

Leucin und Tyrosin aus Proteinen durch das von ihm entdeckte Trypsin für eine spezifische Besonderheit des Fermentes. In Hoppe-Seylers Laboratorium waren diese Aminosäuren aber auch nach Pepsineinwirkung (Magensaft) auf Eiweiße nachgewiesen worden (Hoppe-Seyler F. 1881a). Für Hoppe-Seyler war Trypsin das bereits bekannte Pankreatin (das aber allerdings kein reines Ferment war, sondern ein Gemisch verschiedener Pankreasfermente.) (Heute spielt Pankreaspulver unter dem Namen Pankreatin eine Rolle als Nahrungsergänzungsmittel und Medikament bei chronischer Pankreatitis).

Louis Pasteur, den Kühne verehrte, beharrte auf der Überzeugung, dass alle, auch die im Reagenzglas beobachteten fermentativen Vorgänge, an Bakterien (oder lebende Zellen) gebunden sind (Hammarsten 1910, S. 9). Eine Vorstellung, die für Hoppe-Seyler den Erkenntnissen der Zeit nicht mehr entsprach und die er unter Verweis (Hoppe-Seyler 1881b) auf Justus von Liebig für schädlich und unhaltbar erklärte. Kühne beharrte lange Zeit, schließlich auch mit Rücksicht auf die Vorstellungen Pasteurs, auf dem Begriff „Enzyme" für (ungeformte) „lösliche" Fermente (zum Beispiel Proteasen wie Trypsin) und beschränkte die Bezeichnung Fermente auf strukturgebundene (oder auf einzelne Zellen.) Hoppe-Seyler unterschied dagegen einfach Mikroorganismen (oder Zellen) von Fermenten. Eduard Buchners Forschungen (Buchner und Rapp 1899), die zur Entdeckung der zellfreien Gärung führten, beendeten diese unterschiedlichen Auffassungen. Der Name Enzym setzte sich schließlich, anfangs im angelsächsischen Sprachraum und später allgemein, durch. So verschwanden auch die Bezeichnungen „geformte" (strukturgebundene) und „ungeformte" oder „lösliche" Fermente.

Seinen ehemaligen Lehrer C.G. Lehmann hat Hoppe (-Seyler) nicht verschont. Nicht umsonst haben Baumann und Kossel in ihrem Nachruf (1896) Diskussionen mit Felix Hoppe- Seyler mit dem Fechten „mit scharfen Säbeln" verglichen:

Dies sind nicht bloß unklare Phrasen sondern falsche Angaben, von deren Unrichtigkeit Professor Lehmann sich wird überzeugen können, wenn er im Stande sein sollte, so einfache Versuche anzustellen, wie sie sein müssen auf welche er hinsichtlich des Verhalten des Hämatokrystallins zum Sauerstoff hinweist. Was er hier aber unter der „zellularen Wirkung" sich vorstellen mag wird er wohl ebenso wenig wissen als Andere es verstehen. (Hoppe F. 1859)

Fragen der Priorität, wie sie zum Beispiel um die Entdeckung des Glykogens entstanden, spielten gelegentlich eine Rolle. Hoppe-Seyler war überzeugt, dass Viktor Hensen (Anhang 14.1) gemeinsam mit Claude Bernard als Entdecker des Glykogens angesehen werden sollte. Veranlasst durch die Forschungen Claude Bernards über die Fähigkeit der Leber, Zucker zu speichern, hatte Josef Scherer (Würzburg) (Büttner 2005) seinem Studenten Viktor Hensen 1855 geraten, nach der zuckerspeichernden Substanz der Leber zu suchen. Hensen konnte bereits 1856 durch Zugabe von Pankreasferment, Speichel oder Pfortaderblut aus zuckerfreiem Lebergewebe Glukose freisetzen. Er berichtete darüber vor der Physikalisch-Medizinischen Gesellschaft in Würzburg. 1857 demonstrierte er in Berlin Virchow, Hoppe(-Seyler) und weiteren Wissenschaftlern die zuckerspeichernde Substanz Glykogen (vergl.Hoppe-Seyler Felix Adolf 1938). Es ist sehr wahrscheinlich, dass Hensens Ergebnisse ohne Kenntnis der Befunde von Claude Bernard (vgl. Schadewald 1975) entstanden, der wohl schon einige Monate eher Glykogen dargestellt hatte. Auch Felix Hoppe-Seyler waren bei eigenen Untersuchungen an kohlenhydratreich ernährten Hunden weißlich getrübte Leberdekokte aufgefallen (Hoppe-Seyler F. A. 1938). Er hatte dem aber keine Bedeutung zugemessen. Hensen selbst wies in seinen Veröffentlichungen allerdings stets korrekt auf die Entdeckung durch Claude Bernard hin. Er wurde ein hoch angesehener (Meeres-)Physiologe.

Zwischen Moritz Traube (Wikipedia) einem Weinhändler und genialen Forscher und Hoppe-Seyler entstanden außerordentlich heftige Auseinandersetzungen. Traube hatte in den damals besten naturwissenschaftlichen Forschungsgruppen (unter anderem bei Eilhard Mitscherlich und Justus von Liebig) gearbeitet. Tatsächlich aber hatte Traube in wichtigen Fragen ähnliche Ansichten wie Hoppe-Seyler. Beide hielten, im Gegensatz zu Louis Pasteur, eine Gärung ohne lebende Zellen für möglich. Beide hielten das Gewebe und nicht das Blut für den Ort der Biooxidation, und beide gingen von einer Aktivierung des Sauerstoffs aus. Allerdings glaubte Hoppe-Seyler an eine Aktivierung durch naszierenden Wasserstoff, während Traube von einer fermentativen Aktivierung ausging. Die gegen Ende des 19. Jahrhunderts diskutierten Vorstellungen fasst 1910 Olof Hammarsten (1910, S. 3–4) zusammen.

Ungerechtfertigt waren Oskar Liebreichs und vor allem Arthur Gamgees (Gamgee und Blankenhorn 1879) Angriffe auf Ludwig Thudichum (Anhang 14.2). Thudichum hatte festgestellt, dass „Protagon", das Liebreich „kristallin" gewonnen hatte, keine einheitliche Substanz war und aus einem Gemisch verschiedener Lipide die er isolierte bestand. Hoppe-Seyler bezieht sich in einer zusammenfassenden Arbeit (Hoppe-Seyler 1866b) auf die

Befunde seines früheren Doktoranden Liebreich und unterstützt zu diesem Zeitpunkt noch dessen Auffassung von Protagon als einer einheitlichen Substanz. Eine endgültige Klärung der Frage brachten die Untersuchungen Thierfelders durch den Nachweis, dass es sich, wie Thudichum bereits bewiesen hatte, um ein Gemisch von Cerebrosiden und Phosphatiden handelt (Thierfelder und Klenk 1930).

Anhang 14

1. Viktor Hensen (1835–1924): Zwischen den Familien des später berühmten Meeresphysiologen und des Direktors der Städtischen Klinik Kiel, Karl Georg Hoppe-Seyler, bestanden enge freundschaftliche Verbindungen.
2. Ludwig Thudichum, der „Gehirn-Chemiker": Von Oskar Liebreich, dem Berliner Pharmakologen, und Arthur Gamgee, Manchester, wurde Thudichum im Streit um das mystische Protagon unfair und ungerecht angegriffen. Erst nach seinem Tode fanden seine Entdeckungen Bestätigung. Er lebte in London.

Literatur

Baumann E, Kossel A (1895–1896) Zur Erinnerung an Felix Hoppe-Seyler. Z Physiol Chem 21:[108ff]I–LXI

Buchner E (1899) Rapp R.: Alkoholische Gärung ohne Hefezellen. In: Berichte der Deutschen Chemischen Gesellschaft. Bd 32, S 2086

Büttner J (2005) „Scherer Johann Joseph von" in: Neue Deutsche Biographie 22:S 691–692. https://www.deutschebiographie.de/pnd117218995. html#ndbcontent

Fruton JS (1990) Contrasts in Scientific Stile, "Felix Hoppe-Seyler and Willy Kühne". Am Philos Soc Philadelphia S 72–116. Contrasts in scientific style: research groups in the chemical and biochemical sciences

Gamgee A, Blankenhorn E (1879) Ueber Protagon. Z Physiol Chem 3:260–283

Hammarsten O (1910) Lehrbuch der Physiologischen Chemie, 7. Aufl. Bergmann, Wiesbaden, S 3, 4

Hoppe F (1859) Über Hämatokrystallin und Hämatin. Erwiderung an Prof. C. G. Lehmann Virchows Arch. 17 S 488

Hoppe-Seyler F (1866a) Med Chem Untersuchungen 1 S 190

Hoppe-Seyler F (1866b) Medizinische Untersuchungen S 140–150

Hoppe-Seyler F (1881a) Physiologische Chemie Berlin August Hirschwald S 115

Hoppe-Seyler F (1881b) Physiologische Chemie Berlin August Hirschwald S 228

Hoppe-Seyler FA (1938) Die Physiologische Chemie in Greifswald. in H. Loeschcke und Terbrücken A. 100 Jahre Medizinische Forschung in Greifswald S.65 Universitätsverlag Bamberg Greifswald S 65

Kühne W (1861–1890) 6 Briefe an Hoppe-Seyler UAT 768/22

Schadewald H (1975) „Geschichte des Diabetes mellitus". Springer, Berlin, S 6

Thierfelder H, Klenk E (1930) Die Chemie der Cerebroside und Phosphatide. Julius Springer, Berlin

Wikipedia, Die freie Enzyklopädie. Moritz Traube". In: Bearbeitungsstand: 25. Juni 2019, 01:00 UTC. https://de.wikipedia.org/w/index.php?title=Moritz_Traube&oldid=189842163. Zugegriffen: 12. Dez. 2019, 17:36 UTC

Kapitel 15: Der Universitätslehrer, seine „Schüler" und weitere Mitarbeiter

Felix Hoppe-Seyler begann bereits in Greifswald, interessierte junge Wissenschaftler, meist Pharmazeuten und Mediziner, auszubilden. In Tübingen hielt er Vorlesungen in den Fächern Toxikologie, Physiologische Chemie, Organische- und Anorganische Chemie und Gerichtsmedizin. In Straßburg nahmen die Vorlesungen und Kurse für Hygiene einen Teil seiner Zeit in Anspruch. Die Vorlesungen waren sehr gut besucht, die Auswahlmöglichkeit für zukünftige Mitarbeiter für das Physiologisch-Chemische Labor daher groß. Joseph Fruton (Fruton Joseph 1990) hat sich besonders mit dem Unterricht, dem Engagement Hoppe-Seylers (und Kühnes) für die Ausbildung seiner „Schüler", ihre Herkunft und ihren Laufbahnen beschäftigt.

Es existieren zahlreiche Briefe von Studenten und Mitarbeitern an Hoppe-Seyler, die hervorheben, dass er keinen Unterschied zwischen Ausländern und Schülern aus dem „Reich" machte. Das erschien besonders einigen Russen ungewöhnlich. Hinsichtlich der Zahl der „Schüler", die an einer Universität tätig wurden oder später Ordinariate in naturwissenschaftlichen oder medizinischen Fächern übernahmen, ist Josef Frutons Zusammenstellung sehr eindrucksvoll. Viele Schüler Hoppe-Seylers wurden in ihren Heimatländern auf die ersten Lehrstühle für Physiologische Chemie oder andere Fächer der Medizin und Naturwissenschaften berufen. Bis zu seinem Lebensende berichteten ihm seine ehemaligen Mitarbeiter in Briefen aus ihren Heimatländern.

Die folgende kurze Vorstellung einiger hier willkürlich erwähnten Wissenschaftler weist noch einmal darauf hin, wie völlig belanglos die landsmannschaftliche Herkunft seiner Schüler für Hoppe-Seyler gewesen ist. Sie

© Springer-Verlag GmbH Deutschland, ein Teil von Springer Nature 2022
G. Hoppe-Seyler, *Physiologische Chemie. Das Leben Felix Hoppe-Seylers*,
https://doi.org/10.1007/978-3-662-62002-1_15

stammten aus allen Teilen Deutschlands, aus ganz Europa, den USA oder Südamerika, und viele wurden die ersten Vertreter „neuer" naturwissenschaftlicher Fächer (zum Beispiel Pharmakologie, Biochemie, Physiologie) oder führten moderne Untersuchungstechniken, eine auf Experimenten beruhende Forschung und die Anwendung chemischer Methoden in der Medizin ein.

Japan: Auch bei Hoppe-Seyler half ein Amanuensis (Handlanger), in Straßburg schon Laborant genannt: *Torasaburo Araki,* Araki T (1853) der als exotischer Ausländer in der Öffentlichkeit Aufsehen erregte (Abb. 1). Er

Abb. 1 Torasaburo Araki, „Laborant" und später Mitarbeiter und Assistent in Straßburg

entwickelte sich zu einem sehr produktiven Mitarbeiter. Wie alle Schüler Hoppe-Seylers publizierte er in der *Zeitschrift für Physiologische Chemie* (über Chitin und das Chitosan, Hämoglobinabkömmlinge und Cholesterin). Er gilt in Japan als der erste Physiologische Chemiker seines Landes. Araki T (1853) an Hoppe-Seyler: 10 Briefe und ein handschriftlicher Zeugnisentwurf (1853–1939); leitet seine Monografie über die Chemie und Physiologie der Gallensäuren mit einem beeindruckenden Bild des Präsidenten Araki der Universität Kyoto ein (Abb. 2). An Hoppe-Seylers Grab in Wasserburg am Bodensee traf ich gelegentlich auf dem Weg zu der auf der Halbinsel gelegenen Dorfschule und dem Schloss mit Kameras bewaffnete andächtig verharrende Japaner, die Listen mit dem wissenschaftlichen

Abb. 2　Torasaburo Araki, Präsident der Universität Kyoto. (Frontispiz: Shimizu Tayei 1935)

„Stammbaum" ihrer Biochemiker, der bei Araki und Hoppe-Seyler beginnt, in den Händen hielten.

New York: Die Wahl von *Josephine Chevalier,* die in New York an einer Frauenklinik arbeitete, als Mitarbeiterin in Straßburg spricht dafür, dass Hoppe-Seyler keinen Vorbehalt gegen wissenschaftlich tätige Frauen hatte. Hoppe-Seyler erhielt nach ihrer Rückkehr in die USA eine Reihe von Briefen (Chevalier 1886a), in denen sie sich bitter beklagte, nicht mehr in der Lage zu sein, weiter in Straßburg zu forschen. Josephine Chevalier beschäftigte sich 1881in Straßburg mit Untersuchungen über die Biochemie der Gehirnsubstanz (Chevalier 1886b).

Santiago: Adeodato Valenzuela Garcia (Garcia Adeodato V. 1891, 1893) untersuchte 1892 bei Hoppe-Seyler Ptomaine. (bei der Verwesung entstehende sogenannte Leichengifte) Er wurde der erste Lehrstuhlinhaber für Pathologische und Physiologische Chemie in Chile (Vicuna R. und Cori O. 1981).

Albrecht Kossel wies allerdings die Möglichkeit, an die Universität Santiago zu wechseln, von sich. Carl Wilhelm Moesta, Dresden, hatte bei Hoppe-Seyler angefragt, ob er nicht einen geeigneten Wissenschaftler für eine Professur für Organische und Anorganische Chemie vorschlagen könne. (Moesta 1882, 9.7.) Carl W. Moesta war der Direktor der ersten Sternwarte auf dem Südamerikanischen Kontinent. Hoppe-Seyler hatte Albrecht Kossel genannt und sehr empfohlen (Hoppe-Seyler 1882, 13.7.). Wenn man die Klagen von A. V. Garcia über die Möglichkeiten, an der Universität Santiago wissenschaftlich zu arbeiten berücksichtigt war die Entscheidung Albrecht Kossels richtig.

St. Petersburg und Kiew: Vladimir Ivanovich Dybkovskij (1866 in Tübingen) untersuchte Phosphorvergiftungen und war an Untersuchungen über Hämoglobin beteiligt. Er stand auch noch 1868–1870 als Professor für Pharmakologie in Kiew mit Hoppe-Seyler in brieflicher Verbindung. Er arbeitete zuerst bei Carl Ludwig und später in Straßburg bei Hoppe-Seyler. Zu *Dybkovski* schreibt Carl Ludwig:

> *„Schärfe und Reinlichkeit sind nicht das Erbgut der Kosaken. Ich habe schon viel Kummer mit ihm gehabt; er aber sicher auch mit mir. Trotzdem will er noch bleiben. Das zeugt von Mut. Es ist uns vom Schicksal schon einmal die Aufgabe geworden, die Heiden des Ostens zu bekehren; viel Ehre hatten wir nicht von den Christen. Möge es unseren Physiologen besser gehen!" (Ludwig 1864a, Privatarchiv).*

Briefe von Ludwig an Felix Hoppe-Seyler sind amüsant. 1864 (Ludwig 1864a) entwirft er das Bild vom Tisch der Physiologen, an dem sie anscheinend freundlich sitzen, unter dem aber getreten wird. Er selbst (Ludwig war neun Jahre älter als Felix Hoppe-Seyler) „lebe aber schon im Schlafrock und Pantoffeln". 1865 (Ludwig 1865b, 2.6) erwähnt er, dass Stokes ihm (Hoppe-Seyler) „ins Gehege gekommen" sei. (Er bezieht sich wohl auf das Hämoglobinspektrum oder den Namen des Blutfarbstoffs.) (und lässt sich einen Polarisationsapparat empfehlen.)

Brüssel: Leo Abram Errera war Mitarbeiter in Straßburg. Er wurde einer der großen Pflanzenphysiologen des 19. Jahrhunderts. Errera publizierte unter dem Pseudonym „Un vieux juif" über das russische Judentum (Errera Wikipedia).

Prag: Rudolf von Jacksch arbeitete über biochemische Probleme des Stoffwechsels und genoss hohes Ansehen als Internist an der Universität Prag. Er stand lange Zeit in brieflicher Verbindung mit Felix Hoppe-Seyler (Jacksch, Rudolph 1876):

Gent: Léon Fredericq folgte Theodor Schwann auf dem Ordinariat für Physiologie in Lüttich und gilt als einer der ersten Vergleichenden Physiologen. Mit Leon Fredericq hatte Felix Hoppe-Seyler ein besonders enges freundschaftliches Verhältnis (Fredericq Léon 1878).

Zwei *Amerikaner* beurteilten die Atmosphäre im Physiologisch-Chemischen Labor in Straßburg unterschiedlich:

Yale: Ein heftiger Kritiker wurde der als Begründer der Physiologischen Chemie in den Vereinigten Staaten angesehene *Russel Henry Chittenden*, nachdem er sich bei Hoppe-Seyler in Straßburg vorgestellt und das Institut besichtigt hatte. Von seinem Empfang in Heidelberg und der Persönlichkeit von Willy Kühne war er dagegen begeistert. Er wurde Kühnes engster Mitarbeiter und sah Hoppe-Seylers Institut sehr kritisch:

> *„There was nothing attractive about either, the city or the university in those early years after the Franco-German war of 1870. To be sure, Hoppe-Seyler was a great man and the laboratory was a beehive of activity, yet seemed to lack atmosphere if you choose essential for the proper development of a youthful mind that needed guidance and encouragement".* (Chittenden Russel Henry: 1930) zitiert nach J.S. Fruton J. 1990 vergl. S. 111.

New York, Johns Hopkins University of Baltimore and Board of Scientific Directors at the Rockefeller Institute for Medical Research: William Henry Welch: (Abb. 3).

Fast rührend sind dagegen die Ausführungen des „Vaters der amerikanischen Medizin":

Abb. 3 Henry William Welch galt in den USA als der Vater der Amerikanischen Medizin. (Frontispiz: Flexner S. und Flexner J.T.T. 1948)) Henry Welch und das heroische Zeitalter der amerikanischen Medizin, Georg Thieme

„…aber Hoppe-Seyler, obwohl mit eigenen Forschungsarbeiten und der Abfassung eines Buches beschäftigt, fand Zeit mich (und alle anderen) täglich zweimal bei der Arbeit zu besuchen, wusste immer was ich gerade arbeitete und ging nie fort, ohne eine wertvolle Anordnung gegeben zu haben. Er ist mir der liebste von allen Professoren, die ich in Deutschland kennengelernt habe" (Flexner und Flexner 1948).

Es handelt sich hier nur um willkürlich herausgegriffene Beispiele, die durch zahlreiche weitere ergänzt werden könnten. Selbstverständlich war nicht allein die Tatsache, „bei Hoppe-Seyler gewesen zu sein", ausschlaggebend für die spätere Karriere. Die jungen Wissenschaftler hatten das Ziel, Erfahrungen zu sammeln. Oft arbeiteten sie sogar gleichzeitig bei einem angesehenen Mediziner, einem Pharmakologen, Physiologen oder Physiologischen Chemiker. Sie brachten vollständig neue Vorgehensweisen und Erfahrungen in ihre Heimatländer.

Literatur

Araki T (1853) 11 Briefe. (1853–1939) an Hoppe-Seyler UAT 78

Chevalier J (1886a) 1886–1891 11 Briefe an F. Hoppe-Seyler UAT 768/55

Chevalier J (1886b) Z Physiol Chem 10:97–105

Chittenden RH (1930) zitiert nach J.S. Fruton J. (1990) vergl. S 111

Errera LA https://de.wikipedia.org/wiki/Léo_Errera: https://de.wikipedia.org/w/index.php?title=L%C3%A9o_Errera&oldid=162017402. Zugegriffen: 7. Nov. 2019, 14:31 UTC

Flexner S, Flexner JT (1948) Henry Welch und das heroische Zeitalter der amerikanischen Medizin. Georg Thieme S 66

Fredericq L (1878) 5 Briefe 1878–1888 an F. Hoppe-Seyler 768/115 UAT

Garcia AV (1891, 1893): 2 Briefe an F. Hoppe-Seyler. UAT 768/128

Hoppe-Seyler F (1882 13.7.) Antwort (Entwurf) auf Moesta C.W. (9. Juli 1882) UAT 768/486

Jacksch R (1876) 10 Briefe 1876–1891 an F. Hoppe-Seyler 768/190 UAT

Ludwig C (1884a 218.54) Brief an Hoppe-Seyler UAT 768/251

Fruton JS (1990) Contrasts in Scientific Stile. Contrasts in scientific style: research groups in the chemical and biochemical sciences. „Felix Hoppe-Seyler and Willy Kühne". Am. Philos. Soc. Philadelphia S 92

Ludwig C (1864a 18.5.) Brief an Felix Hoppe-Seyler, Privatarchiv

Ludwig C (1865b 26.5.) Brief an Felix Hoppe-Seyler, Privatarchiv

Moesta CW (1882 9.7.) Brief an F. Hoppe-Seyler, Beantwortung: (Entwurf F.H-S 13.7.1882)

Shimizu T (1935) Über die Chemie und Physiologie der Gallensäuren. Okayama Verlag M. Muramoto, UAT 145/6,29

Vicuna R, Cori O (September 1981) Biochemistry in Chile Tibs (Sonderdruck)

Kapitel 16: Das Leben in Straßburg und Berufungen

Das private Leben Felix Hoppe-Seylers in Straßburg hatte sich seit den Anfängen in Halle, Leipzig, Greifswald und Berlin deutlich verändert. Er wohnte nicht mehr in der Blauen Wolkengasse, wo neu in Straßburg eintreffenden Wissenschaftler in der ersten Zeit unterkamen, sondern im Thomas-viertel (Abb. 1). Aus dem bescheiden lebenden Wissenschaftler war ein angesehener „Professor" geworden. Seine Familie konnte von seinem Gehalt gut leben. Maria hatte sich in dem großen Unternehmen ihres Stiefvaters in Berlin Erfahrungen erworben und war sehr geschäftstüchtig. Die Familie begann, größere gemeinsame Reisen zu unternehmen. Allerdings stand für Hoppe-Seyler immer auch ein wissenschaftliches Interesse im Vordergrund: In Neapel traf er häufig an den berühmten „Tischen" der Zoologischen Station arbeitende Wissenschaftler, die sich einen Arbeitsplatz gemietet hatten. Einige seiner eigenen Assistenten, unter anderen auch Hans Thierfelder, verbrachten „Sabbaticals" in Neapel. Die Zoologische Station (Anhang 16.1), einmalig in der damaligen Zeit als internationale Forschungsmöglichkeit, entsprach uneingeschränkt den Vorstellungen Felix Hoppe-Seylers (s. Kapitel 17: Die Familie, Wasserburg am Bodensee).

In fast allen biografischen Darstellungen wird Felix als äußeren Genüssen abgeneigt und von äußerster Genügsamkeit in allen materiellen Dingen geschildert. Oft bezieht man sich dabei auf die Erziehung an den Francke'schen Stiftungen (im „Waisenhaus!") und seine „bitterarmen" Vorfahren.

© Springer-Verlag GmbH Deutschland, ein Teil von Springer Nature 2022
G. Hoppe-Seyler, *Physiologische Chemie. Das Leben Felix Hoppe-Seylers,*
https://doi.org/10.1007/978-3-662-62002-1_16

Abb. 1 Thomaskirche Straßburg, Zeichnung Clara Hoppe-Seyler

Zur Zeit seiner Tätigkeit in Tübingen und besonders Straßburg trifft das sicher nicht zu. Nach dem Maßstab seiner Zeit gehörte er eher zu den Wohlhabenden.

Abb. 2 Die sogenannte Villa Hoppe-Seyler in Wasserburg am Bodensee,Zeichnung Clara Hoppe-Seyler

Die „Villa" Hoppe-Seyler" war ein sehr großes, altes Bauernhaus (Abb. 2) in Wasserburg am Bodensee, das er 1880 gekauft und nach eigenen Plänen umgebaut hatte. Es enthielt einen Weinkeller, eine Sammlung Humidore für seinen Vorrat an dunklen kubanischen Zigarren und eine Wohnung für Gärtner und Köchin. Felix war ohne Zigarre nicht denkbar. Selbst an seinem Todestag am 10. August auf der Treppe seines Segelboothafens (s. Abb. 13) soll er seine schwarze Havanna in der Hand gehalten haben. Die Bibliothek war sehr umfangreich. Seinen Urlaub verbrachte er häufig in der Schweiz, meist im Silvretta-Gebiet. Besonders begeisterte ihn die Geologie der Vulkane Italiens. (s. Kap. Kapitel 17: Die Familie, Wasserburg am Bodensee) Bereits in seiner Kinderzeit an der Unstrut hatte der junge Felix in der Umgebung Freyburgs Messungen durchgeführt und die Höhe von

Bergen und die Tiefe von Tälern in seinen Notizbüchern festgehalten und ähnliche Studien führte er nun auch in den Alpen, Italien und Frankreich durch. Hinterlassene Rechnungen weisen darauf hin, dass das Reisebudget zwar vernünftig und angemessen war, aber Geldsorgen keine Rolle spielten. Das gesellschaftliche Leben in Straßburg scheint ihn nicht sehr interessiert zu haben. Felix Hoppe-Seyler liebte es aber, sich mit seinen Studenten und Mitarbeitern zu treffen. So lud er Georg Ledderhose (Anhang 16.2) zu einem abendlichen Hummeressen ein. Dabei entstand die Idee, den schönen roten Chitinpanzer zu untersuchen. Ledderhose stellte fest, dass nach Deacetylierung und HCl-Hydrolyse aus Chitin Glucosamin-HCl entsteht. So wurde, wie Dankwart Ackermann mit einem Augenzwinkern erzählte, das Glucosamin gefunden.

1872 erhielt Hoppe-Seyler Rufe an die Universitäten in Leipzig und Wien. Da er fürchtete, in Leipzig auf ähnliche Bedingungen zu treffen, wie sie Karl G. Lehmann zur „Flucht" nach Jena veranlasst hatten (s. Kapitel 4: Studium und Dissertation), lehnte er ohne Zögern ab. Verlockend war wahrscheinlich nur die Nähe zu Carl Ludwig, der ihn gerne in Leipzig gehabt hätte (Ludwig 1872, 4.7) Der Entschluss, dem Ruf nach Wien nicht zu folgen, fiel deutlich schwerer. Wien war eine Weltstadt mit einer großen medizinischen Tradition. Theodor Billroth, den er in Greifswald kennengelernt hatte und der mit Rudolf Virchow befreundet war, bedrängte ihn geradezu. Billroth vertrat seit 1867 den zweiten Chirurgischen Lehrstuhl an der Wiener Universität. Briefe und Telegramme enthalten die Schilderung der gebotenen optimalen Bedingungen (Billroth 1872). Hoppe-Seyler scheint es schwer gefallen zu sein, Billroth schließlich enttäuschen zu müssen. Die Möglichkeit, an die Universität Wien zu wechseln, und die ihm angebotenen Forschungsmöglichkeiten waren sehr verlockend. Billroths Briefe und ein Entwurf eines Schreibens an die Straßburger Fakultät (Hoppe-Seyler undatiert) lassen erkennen, dass Felix eine enge Beziehung zu Straßburg entwickelt hatte. An der Kaiser-Wilhelms-Universität war es ihm gelungen, alle seine Ziele und Vorstellungen zu verwirklichen. Er scheint auch befürchtet haben, dass die „Physiologische Chemie" in Wien eher wieder die Rolle der „Angewandten Chemie" übernehmen sollte. Vor allem bemerkt man deutlich, dass Felix erneute Bemühungen um den Rang seines Faches an der traditionsreichen, aber auch traditionsverhafteten ihm fremden Universität scheute. Im Laufe seiner Verhandlungen mit dem „Königlichen Kuratorium" in Straßburg hatte er noch einmal Gelegenheit, die Bedeutung seines Fachs für die junge Universität, aber auch für die Wissenschaft allgemein, darzustellen. Der Entschluss, in Straßburg zu bleiben, hatte sicherlich viele Ursachen. Ganz im Vordergrund standen das von ihm geplante Institut (Abb. 3) und die Verhandlungen mit den beauftragten Architekten. Mit dem Bau wurde aber erst 1882 begonnen.

Abb. 3 Das Physiologisch-Chemische Institut der Universität Straßburg (Ciba Zeitschrift 55 Wehr Baden 1952)

Eine besondere Rolle wird auch die Möglichkeit gespielt haben, in Straßburg weiter mit jungen, „modernen" Wissenschaftlern zusammenarbeiten zu können. Die Zustimmung der gesamten Fakultät in Wien zu seiner Berufung stärkte seine Verhandlungsposition in Straßburg deutlich. Er erreichte, dass Reichskanzleramt und Kuratorium ein ausreichendes.

Budget genehmigten und sein eigenes Gehalt erhöhten. Die Physiologische Chemie war zu einem gleichberechtigten Fach an der Universität Straßburg geworden.

Seine Tochter besuchte die höhere Töchterschule und wurde von einem angesehenen Maler und Zeichner unterrichtet. Sie hatte ihre Freunde in Straßburg. Natürlich bestanden nach dem Krieg Spannungen zwischen Elsässern, die überwiegend zu Frankreich tendierten, Franzosen und Deutschen. Für ihn und die Familie Hoppe-Seyler haben derartige Probleme jedoch nicht existiert. In Frankreich wurden seine wissenschaftlichen Leistungen anerkannt. Er war stolz auf die Wahl zum Mitglied der Französischen Medizinischen Akademie.

Hoppe-Seyler war allerdings erleichtert als Frédéric Schlagdenhauffen (Toxikologie, Pharmakologie) der Dämpfe und Gerüche verursachte die die Mitarbeiter belästigten und Amédée Caillot (Medizinische Chemie) Straßburg und sein Institut verließen. Beide französischen Forscher waren ehemalige Angehörige der École Médecine in Straßburg. Hoppe Seyler und seine Mitarbeiter respektierten das Alter und Ansehen der beiden Forscher (vgl. Vöckel Anja 2003, S. 185).

Anhang 16

1. Anton Dohrn (21 Briefe und Karten (1884–1891) an Felix Hoppe-Seyler enthalten vorwiegend private Informationen und Verabredungen) gründete in Neapel die Zoologische Forschungsstation (ursprünglich ein öffentliches Aquarium). Da sie sich finanziell nicht trug, richtete er seine berühmten „Tische" ein, die vermietet wurden und an denen unterstützt durch Stationsmitarbeiter und ausgerüstet mit geeigneten Geräten Wissenschaftler Untersuchungen an Tieren durchführten. Mehrere Mitarbeiter Hoppe-Seylers (unter anderem Hans Thierfelder und Erwin Herter) verbrachten an der Zoologischen Forschungsstation Neapel Forschungsaufenthalte. Herter E (1908) (s. Kapitel 7: Virchows Assistent und die Hochzeit in Berlin), der vorübergehend nach Baumann die Funktion des Ersten Assistenten bei Felix Hoppe-Seyler innehatte, verfasste Literaturübersichten und führte eine Zeitlang ein Privatlaboratorium in Neapel.

2. Georg Ledderhose: Als Doktorand bei Hoppe-Seyler entdeckte er (1876) das Glucosamin. Er wurde Chirurg in Straßburg und München, beschrieb den sogenannten „Morbus Dupuytren" der Füße, der auch heute noch den Namen „Morbus Ledderhose" trägt.

Literatur

Billroth T (Wien 1872) 10 Briefe und Telegramme an Felix Hoppe-Seyler mit einigen Antwortkonzepten Hoppe-Seylers. UAT 768/31

(Ciba Zeitschrift Nr. Band 8, 91 S. 3038 Wehr Baden 1958) Das Physiologisch-Chemische Institut in Straßburg

Delbrück M (1913) Sitzung vom 8. Dezember 1913. https://doi.org/10.1002/cber.191304603184

Hoppe-Seyler Felix Entwurf eines Schreibens ohne Datum an das Königliche Kuratorium in Straßburg.

Ludwig C (Leipzig 1872 4.7.) Brief an Felix Hoppe-Seyler UAT 768/251

Ledderhose G (1876) Ueber salzsaures Glucosamin. Ber Dtsch Chem Ges 9(2):1200–1201

Vöckel A (2003) Die Anfänge der physiologischen Chemie, Ernst Felix Immanuel Hoppe-Seyler (1825–1895) S 185. d-nb.info › …Ernst Felix Immanuel Hoppe-Seyler

Kapitel 17: Die Familie, Wasserburg am Bodensee

Felix Hoppe-Seyler kaufte 1880, nachdem er auf der Suche nach geeigneten Grundstücken, Verhandlungen mit Immobilienhändlern am Kaiserstuhl, bei Offenburg und in Bregenz geführt hatte, eine große Obstwiese in Wasserburg am Bodensee. Von seinem Grundstück hatte man einen Blick auf die kleine Zwiebelturmkirche, das Schloss, und das alte Gefängnis (errichtet von Jakob Fugger), das hauptsächlich der Unterbringung und peinlichen Vernehmung von verdächtigten Personen während der Hexenverfolgungen gedient hatte und das unmittelbar am See gelegene Pfarrhaus (Abb. 1).

Zu seinem Grundstück gehörte ein zehn Meter breiter und über 100 m langer Strand. Das alte Bauernhaus ließ Felix Hoppe-Seyler nach seinen Vorstellungen zu der „Villa" Hoppe-Seyler umbauen. Die Raddampfer der Königlich Württembergischen Staatseisenbahnen passierten Hoppe-Seylers Seeufer regelmäßig auf ihrer Fahrt von Bad Schachen nach Wasserburg. Eine mächtige Sandsteinmauer bildete die Grenze zwischen dem langsam entstehenden, parkähnlichen Garten und dem Strand. Seine Lieblingsschwester Amanda war ein häufiger Gast. Auf der am See gelegenen Terrasse des Hauses traf sich die Familie in den Ferienzeiten (Abb. 2). „Tante" Amanda, Felix, seine Tochter Clara, Frau Maria und sein Sohn Georg Hoppe-Seyler. (Anhang 17.1) Der Internist fand allerdings selten Zeit für ausgedehnte Ferien bei seinem Vater. Er war mit dem Aufbau der Städtischen Klinik Kiel, die aus einer Cholerabaracke entstand, beschäftigt (Rathjen 2012; Hoff 1971, 1998).

Im Dezember 1893 hatten Theodor Curtius, Chemiker und Schüler Robert Bunsens und der Entdecker der „zellfreien Gärung", der Nobelpreisträger Eduard Buchner, die Kieler Sektion des Alpenvereins gegründet

© Springer-Verlag GmbH Deutschland, ein Teil von Springer Nature 2022
G. Hoppe-Seyler, *Physiologische Chemie. Das Leben Felix Hoppe-Seylers*,
https://doi.org/10.1007/978-3-662-62002-1_17

Abb. 1   Wasserburg, Halbinsel, Blick von Hoppe-Seylers Garten: (etwa 1885)

Abb. 2   Von links: Amanda Hoppe-Seyler, Clara Hoppe-Seyler, Felix Hoppe-Seyler, Marie Hoppe-Seyler geb. Borstein, Carl Georg Hoppe-Seyler

(Soukup 2011). Georg war ein begeistertes Mitglied und langjähriger Vorsitzender dieser Sektion. Nach Georg Hoppe-Seyler wurde der zum Patznauner Höhenweg gehörende anspruchsvolle hochalpine Hoppe-Seyler Weg (Abb. 3) in den Silvretta-Alpen der Trittsicherheit und Schwindelfreiheit erfordert benannt.

Abb. 3   Hoppe-Seyler Weg (Susanne und Norbert Seng, Marbach)

Auf Felix' Grundstück wuchsen seltene Pflanzen und Bäume, besonders aus den USA eingeführte Koniferen (Abb. 4). Jede einzelne Pflanze wurde von Felix selbst ausgesucht, gepflanzt und mithilfe eines Gärtners gepflegt. Vier riesige Mammutbäume (Sequoiadendron giganteum) sind heute ein Wahrzeichen Wasserburgs (Abb. 4) und stehen unter Naturschutz.

Mit den Problemen eines durch wuchernden Efeu aufrecht gehaltenen Walnussbaums und einer langsam über die Mauer zum Strand in den Bodensee kippenden Silberpappel wurde Rudolf Roth schriftlich und bei seinen Aufenthalten in Wasserburg konsiliarisch beschäftigt. Roth war nicht nur Sanskritforscher, sondern auch ein großer Gartenliebhaber. Leider sind heute nur noch Spuren des wunderbaren Parks geblieben. Neben seinen

Abb. 4 Hoppe-Seylers Garten (1960) 4 riesige Bäume standen am Weg zum Haus Felix Hoppe-Seylers

Aufgaben in Straßburg (Felix dachte nicht daran, sich emeritieren zu lassen) richtete sich seine wissenschaftliche Neugier zunehmend auf die Biochemie des großen Sees (Hoppe-Seyler Felix (1895) (Abb. 5).

Clara war ein hübsches Mädchen, in Tübingen und im Elsass aufgewachsen, klug und kunstinteressiert. Ihr Vater liebte seine Tochter. Beide fühlten sich sehr verbunden, umso enger als Clara erkannte, dass ihre Begabung und ihr künstlerisches Talent nicht ausreichten. Felix hat seine Tochter nie aus den Augen gelassen und, falls sie ihn nicht auf seinen Reisen begleiten konnte, brieflich die Verbindung aufrechterhalten. Clara hat nie geheiratet. Ihre Freundschaften – und sie hatte zahlreiche freundschaftliche Verbindungen in Straßburg-. scheiterten regelmäßig daran, dass ihr Vater dessen Urteil Clara

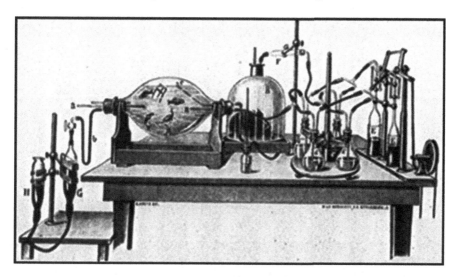

Abb. 5 Duncan und F Hoppe-Seyler (1893b) Beiträge zur Kenntniss der Respiration der Fische. Z. Physiol. Chem. 17 165–181 1893a

blind folgte sich einmischte. Am 24. März 1875 schreibt Hoppe-Seyler aus Neapel an seine 15-jährige Tochter:

> „… *in den Gärten überall Wein zwischen Maulbeerbäumen, Apfelsinen und Citronen, (beide voll schönster Früchte), 3 Orangen für 1 Sous, überall Pinien, die wie Pilze aussehen [Abb. 6] sehr viele schöne Dattelpalmen, oft höher als die Häuser, mit den Pomeranzen, überall blühende Camelien. In den Gärten fangen die Pflaumen an zu blühen, die Mandelbäume sind grün, der Laurustinus [Lorbeerschneeball, Verf.] blüht überall, aber das Frühjahr kommt diesmal sehr spät, es ist lange kalt gewesen, auch jetzt noch nicht warm und die armen Leute auf der Straße wärmten ihre Hände über kleinen Feuern von Holzstücken. Zur Heizung gibt es keine Vorrichtung, nicht einmal Kamine und in halber Höhe des Vesuvs fand ich gestern Wasser in einem Kübel voll, dick gefroren und daneben standen Oleander in dicken Stämmen denen das gar nicht schadete*" (Hoppe-Seyler F. 1875).

Er beschäftigte sich in Italien besonders mit der Fauna und Flora des besuchten Landes. Ganz im Vordergrund seiner Interessen stand aber zunehmend die Vulkanologie. Clara (Abb. 7) half bei der Anlage von Mineraliensammlungen und zeichnete eine der ersten topografischen Karten des Ätnas nach den Messungen ihres Vaters.

Felix Hoppe-Seyler muss in Wasserburg (Abb. 8) sehr glücklich gewesen sein. Der Lindauer Pastor Gustav Reinwald, Vorsitzender des Bodensee-

Abb. 6   Brief an Clara aus Neapel: „die wie Pilze"

Geschichtsvereins, besuchte Felix häufig in Wasserburg und Felix trat in den Lindauer Seglerverein ein. Er erforschte systematisch mit seinem selbst entworfenen und in der Schweiz gebauten „unsinkbaren" Boot alle Abschnitte des Sees. Eberhard Graf Zeppelin, der Bruder des Zeppelinkonstrukteurs, war der Vorsitzende des Vereins zur Erforschung des Bodensees dem Felix Hoppe-Seyler natürlich beigetreten war. Sie berichteten sich gegenseitig über ihre Beobachtungen (Abb. 9).

In Wasserburg machte Anton Dohrn mit seiner Familie regelmäßig eine Pause auf seinen Reisen zur Zoologischen Station in Neapel (Dohrn 1884–1891). Der Station stand ein kleines Dampfschiff zur Verfügung. Gemeinsam mit Dohrn oder seinen Mitarbeitern hat Felix an mehreren Expeditionen im Bereich des Mittelmeeres teilgenommen und Wasserproben, Fauna und Flora des Meeres untersucht.

Instrumente zur Gewinnung und Analyse von Wasserproben des Bodensees aus großer Tiefe für seine Untersuchungen konstruierte er nach Erfahrungen auf diesen Mittelmeerexpeditionen (Hoppe-Seyler 1895) und den Angaben der „Challenger"-Expedition (Abb. 9) (Spry 1877). Graf Zeppelin und Hoppe-Seyler berichteten einander über besondere Beobachtungen (Abb. 11) Clara übernahm die Rolle des Schiffsführers (Abb. 7 und 12).

Abb. 7 Clara die junge Künstlerin

Abb. 8 Clara zeichnet Wasserburg. Blick von Nonnenhorn

Mit den benachbart wohnenden Bauern bestand ein gutes Verhältnis. Häufig wurde er allerdings um kleine Darlehen gebeten. Über die Frage, ob sie je wieder zurückgezahlt wurden, geben die hinterlassenen Schuldscheine (Abb. 10) keine Auskunft. Mitglieder der Straßburger Fakultät besuchten Felix und immer wieder waren Gäste aus dem Elsass und Bekannte seines Sohnes aus Kiel in Wasserburg. Sein Freund, der Freiburger Anatom Robert Wiedersheim (Anhang 17.2), der sich ein Haus in der Nähe des schönen Lindenhofparks seiner Schwiegereltern in Bad Schachen gebaut hatte, lebte in der Nähe.

Am 10. August 1895 starb Felix Hoppe-Seyler der „vom Glück Begünstigte" als er von der hinter dem Hafen zum Wasser herabführenden Sandsteintreppe aus zusah wie sein Segelboot zu Wasser gelassen wurde, (Abb. 13) möglicherweise in der Folge eines Schlaganfalls unter den Zeichen eines plötzlichen Kreislaufstillstandes. Es soll ein wunderbarer Sommertag am Bodensee gewesen sein.

Die Andacht an seinem Grab (Abb. 14) hielt Gustav Reinwald. Es befindet sich unterhalb der Darstellung des „Heiligen Georgs". Es war nicht unbedingt selbstverständlich, dass die (sehr) katholische Gemeinde sich mit

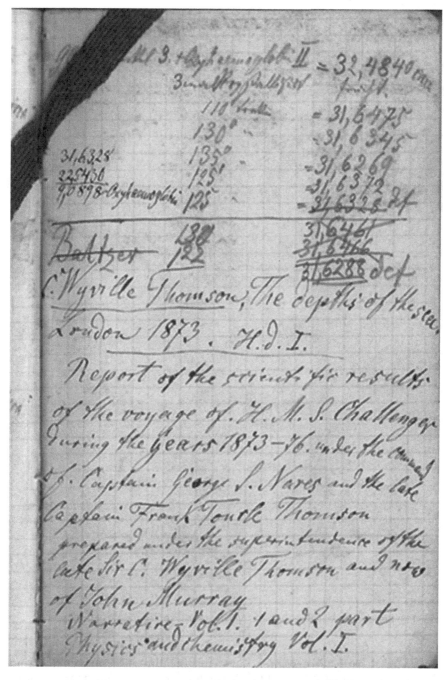

Abb. 9 Notiz Hoppe-Seylers über die Reise Ihrer Majestät Schiff „Challenger", 1873

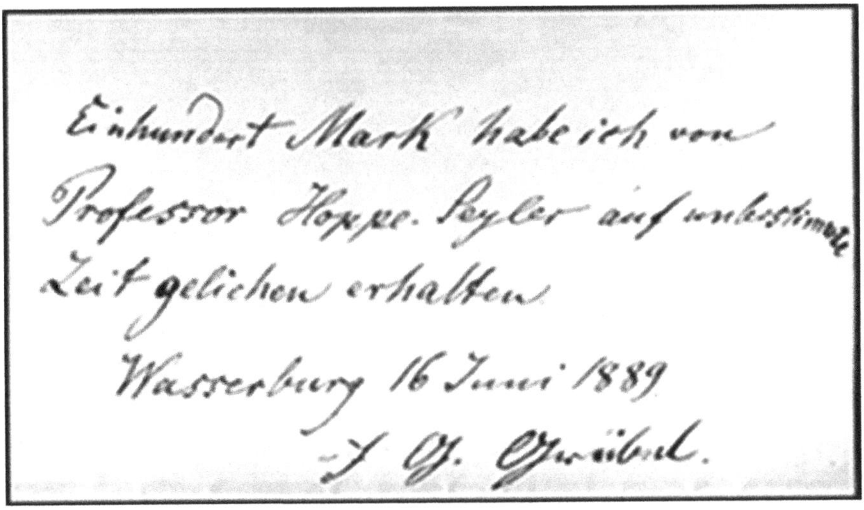

Einhundert Mark habe ich von Professor Hoppe-Seyler auf unbestimmte Zeit geliehen erhalten

Wasserburg 16 Juni 1889

J. G. Grübel.

Abb. 10 Schuldschein eines benachbart wohnenden Bauern

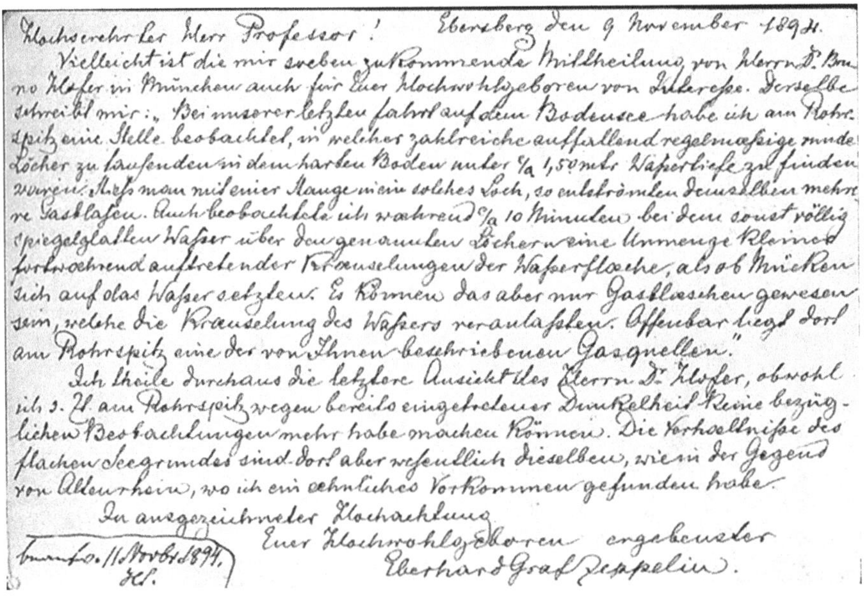

Hochverehrter Herr Professor! Ebersberg den 9 November 1894.

Vielleicht ist die mir soeben zukommende Mittheilung von Herrn Dr. Bruno Hofer in München auch für Euer Hochwohlgeboren von Interesse. Derselbe schreibt mir: „Bei unserer letzten Fahrt auf dem Bodensee habe ich am Rohrspitz eine Stelle beobachtet, in welcher zahlreiche auffallend regelmässige runde Löcher zu Tausenden in dem harten Boden unter ca. 1,50 mtr Wassertiefe zu finden waren. Stieß man mit einer Stange in ein solches Loch, so entströmten demselben mehrere Gasblasen. Auch beobachtete ich während ca. 10 Minuten bei dem sonst völlig spiegelglatten Wasser über den genannten Löchern eine Unmenge kleiner fortwährend auftretender Kräuselungen der Wasserfläche, als ob Mücken sich auf das Wasser setzten. Es können das aber nur Gasbläschen gewesen sein, welche die Kräuselung des Wassers veranlassten. Offenbar liegt dort am Rohrspitz eine der von Ihnen beschriebenen Gasquellen."

Ich theile durchaus die letztere Ansicht des Herrn Dr. Hofer, obwohl ich s. Zt. am Rohrspitz wegen bereits eingetretener Dunkelheit keine bezüglichen Beobachtungen mehr habe machen können. Die Verhältnisse des flachen Seegrundes sind dort aber wesentlich dieselben, wie in der Gegend von Altenrhein, wo ich ein ähnliches Vorkommen gefunden habe.

In ausgezeichneter Hochachtung

Euer Hochwohlgeboren ergebenster

Eberhard Graf Zeppelin.

beantw. 11 Novbr 1894. H-S.

Abb. 11 Bericht des Vorsitzenden des Vereins zur Erforschung des Bodensees

dem Wunsch eines Protestanten, an dem von ihm ausgesuchten Platz am Fuße des Glockenturms der kleinen Halbinselkirche (Abb. 15) zu ruhen, einverstanden erklärte.

In Straßburg schritt die Entwicklung eines nach dem Prinzip des „offenen Systems" von Regnauld arbeitenden Apparates zur Messung des Atem-

Abb. 12   Clara und Felix die Bodenseeforscher

gaswechsels beim Menschen fort (Abb. 13.1); (Hoppe-Seyler 1894). Eine ähnliche Versuchsanordnung („geschlossenes System") für derartige Untersuchungen hatten bereits Pettenkofer und Carl Voit entwickelt, aber sie erfüllte nicht die Anforderungen Hoppe-Seylers. Die ersten Messergebnisse bei gesunden Menschen veröffentlichte sein letzter „Erster Assistent" Ernst Laves (Laves E. 1894). Auch für Clara änderte sich ein Teil ihres Lebens mit dem Tod des Vaters. Die junge Frau wurde im Laufe der Jahre zur „alten Tante Clara", die kaum Kontakte mit den Dorfbewohnern hatte.

Als ich 1945 das alte Haus und den inzwischen fast 80 Jahre alten großen Park am Bodensee kennenlernte, lebte „Tante Clara" allein in dem großen Haus am See. Sie verbrachte den Tag in Begleitung ihrer Pommeraner Spitze auf einer Bank am Segelboothafen. Die von Felix gepflanzten Bäume hatten sich zu sehr schönen, aber riesigen Pflanzen entwickelt. Martin Walser hat den Weg und den Eingang (Abb. 4) des Gartens wunderbar geschildert (Walser M. 1998). Er lernte nicht nur die sogenannte „Villa Hoppe-Seyler", sondern auch ihre altgewordene, sehr einsam lebende Bewohnerin kennen wenn er seinem Vater half, Kohle für die zahlreichen Kanonenöfen in den Keller des alten Hauses zu schleppen. Ein von Felix Hoppe-Seyler angelegte Bambuswäldchen war eine Attraktion für die „Wasserburger".Die Kinder der Dorfbewohner kletterten über die Mauer am Strand, betraten den Park von der Seeseite aus und versorgten sich mit Bambusstangen, Blumen und Obst aus Hoppe-Seylers Garten. Offiziere der französischen Besatzungs-

Abb. 13 Das Haus am See, Hafen und Segelboot und Sandsteintreppe (hinter dem Blechdach)

truppen oder Vertriebene aus den durch Bombenangriffe zerstörten Städten bewohnten die meisten Häuser am See dessen Strände in den ersten Monaten nach Kriegsende mit Munition und zahlreichen weggeworfenen Waffen bedeckt waren. Heute erinnern immer noch die Sandsteinmauer am See, der kleine Bootshafen und eine Reihe besonders schöner Koniferen an den Arzt und Naturforscher Ernst Felix Immanuel Hoppe-Seyler. Das alte Haus ist abgerissen worden und große Park ist Siedlungsgebiet geworden. Die mächtigen Wellingtonien, sind glücklicherweise, bevor sie ein Opfer der holzverarbeitenden Handwerker des Dorfes wurden, unter Naturschutz gestellt worden (Abb. 16).

Anhang 17

1. Karl Georg Felix Hoppe-Seyler wählte Eugen Baumann, zu seinem Lehrer der Physiologischen Chemie und promovierte bei ihm. Er wurde Internist und Assistent bei Heinrich Irenaeus Quincke (Kiel), mit dem er das damals maßgebliche Buch über Erkrankungen der Leber verfasste.

Abb. 14 Familiengrab (Foto) (Katja Hoppe-Seyler)

Abb. 15 Wasserburg Halbinselkirche (Gesine Kafitz Bamberg)

Von seinen Mitarbeitern wird er als sehr zurückhaltender, äußerst höflicher, von seinen Patienten verehrter Arzt geschildert. Ferdinand Hoff

Abb. 16 Sequoiadendron giganteum. Die sogenannten Wellingtonien oder Mammutbäume pflanzte Felix Hoppe-Seyler etwa 1885. (Foto: Katja Hoppe-Seyler)

ehemals Oberarzt bei Georg Hoppe-Seyler, der ihn sehr verehrte und bewunderte, schildert seinen Chef als bescheidenen Wissenschaftler, dem die Autorität seines Vaters und die Neigung, sehr empfindlich und aggressiv zu reagieren, vollständig fehlten (Hoff 1998 und 1971). Nur äußerst widerwillig und das scheint man ihm angesehen zu haben, nahm er (mit Pickelhaube) an Flottenbesuchen des Kaisers teil. Seine Mitarbeiter nannten ihn deshalb hinter vorgehaltener Hand [Hoff]: „der traurige Gendarm". Ging es allerdings um seine Patienten, um den Aufbau der Kieler Klinik im Pavillonsystem das besonders die Behandlung Tuberkulosekranker revolutionierte, oder um die Sorgfalt mit der jeder Patient zu untersuchen war, verwandelte sich der eher nachgiebige Internist in eine äußerst geschickte, erfolgreiche, durchsetzungsstarke Persönlichkeit.

2. Robert Wiedersheim vertrat die Anatomie an der Universität Freiburg und legte eine umfangreiche Sammlung von Fotografien zeitgenössischer Wissenschaftler an. Professor Klaus Goerttler publizierte und ergänzte die gesammelten Bilder mit kurzen Biografien (Goerttler 2003, 2004). Auf-

bauend auf der von Robert Wiedersheim angelegten Sammlung finden sich mehr als 300 Porträts von Forschern, die der Professor für den Professor für vergleichende Anatomie Wiedersheim und den Autor für die bedeutenden ihres Jahrhundert zählten.

Literatur

Dohrn A (1884–1891) 21 Briefe an Felix Hoppe-Seyler UAT 768/74

Duncan C, Hoppe-Seyler F (1893a) Ueber die Diffusion von Sauerstoff und Stickstoff in Wasser. Z Physiol Chem 17:147–164

Duncan CE, Hoppe-Seyler F (1893b) Beiträge zur Kenntniss der Respiration der Fische. Z Physiol Chem 17:165–181

Goerttler K (2003, 2004) Wegbereiter unserer naturwissenschaftlichen Moderne, Bd 2. Academia-Press/Studenten-Presse, Heidelberg

Hoff F (1971) Deutsches Ärzteblatt 32:2270–2277

Hoff F (1998) Erlebnis und Besinnung, Erinnerungen eines Arztes Ullstein Taschenbuchverlag

Hoppe-Seyler F (1894) Apparat zur Messung der respiratorischen Aufnahme und Abgabe von Gasen am Menschen nach dem Principe von Regnault. Z Physiol Chem 19:574–589

Hoppe-Seyler F (1895) Ueber die Vertheilung absorbierter Gase im Wasser des Bodensees und ihre Beziehungen zu den in ihm lebenden Thieren und Pflanzen. Schriften des Vereins für die Geschichte des Bodensees und seiner Umgebung 24

Hoppe-Seyler F (24. März 1875) Brief an seine Tochter Clara

Laves E (1894) Respirationsversuche am gesunden Menschen. Z Physiol Chem 19:590–602

Rathjen J (2012) Das Städtische Krankenhaus Kiel 1865–2011 Von der Krankenstube zum kommunalen Gesundheitsunternehmen. Wachholtz Verlag, Neumünster. 1865 https://bücherwurm-kiel.de › ... › Schleswig-Holstein. Zugegriffen: 10. Sept. 2020

Soukup RW (2011) „...zum Frommen der Wissenschaft und zum genaueren Verständniss der Natur der Alpen", Bedeutende Naturwissenschaftler als Gründungsväter europäischer alpiner Vereine". (2011) http://www.rudolf-werner-soukup.at/Publikationen/Dokumente/Gruendungsvaeter_alpiner_Vereine.pdf. Zugegriffen: 10. Sept. 2020 (nach google)

Spry William JJ (1877) Die Expedition der Challenger Eine Wissenschaftliche Reise um die Welt. Die erste in großartigem Maßstabe ausgeführte Erforschung der Tiefen der Oceane. Ferdinand Hirsch und Sohn Leipzig

Walser M (1998) ein springender Brunnen Seite 20, Suhrkamp

Namenverzeichnis

Das Verzeichnis enthält Geburts- und Sterbejahr der in den angefügten Kapiteln erwähnten Personen

Ackermann Dankwart (1878–1965) Kapitel: Vorbemerkung, Einleitung, 6, 11, 13, 16,
Althoff Friedrich Theodor (1839–1908) Kapitel: 10
Araki Torasaburo (1853–1939) Kapitel: 15
Baeyer Adolf von (1835–1917) Kapitel: 12
Bardeleben Heinrich Adolf von (1819–1895) Kapitel: 6
Barker Henry (ohne Datum) Kapitel: 5
Baumann Eugen (1846–1896): Kapitel: Vorbemerkung, 2, 3, 4, 8, 11, 14, 16, 17
Behring Emil Adolf (1854–1917) Kapitel: 10, 11
Benecke Ernst Wilhelm (1838–1917): Kapitel: 10
Bernard Claude (1813–1878) Kapitel: 4, 13, 14
Berzelius Jöns Jakob (1779–1848) Kapitel: 13
Billroth Theodor (1829–1894) Kapitel: 16
Bohley Peter (1935) Kapitel: 16, 4, 8, 9, 13
Böhtlingk Otto (1815–1904) Kapitel: 8
Boyle Robert (1626–1692) Kapitel: 13
Borstein Agnes Franziska Marie (1831–1917): Kapitel: 5, 7, 17
Botkin Jevgeni Sergejewitsch (1865–1918): Kapitel: 8
Botkin Sergei Petrowisch (1832–1889) Kapitel: 8
Brigl Percy: (1885–1945) Kapitel: 11
Brücke Wilhelm Ritter von (1819–1892) Kapitel: 4, 5, 6.

© Springer-Verlag GmbH Deutschland, ein Teil von Springer Nature 2022
G. Hoppe-Seyler, *Physiologische Chemie. Das Leben Felix Hoppe-Seylers*,
https://doi.org/10.1007/978-3-662-62002-1

Printed in the United States
by Baker & Taylor Publisher Services